吃得对的40周孕期食谱

刘桂荣　编著

中国轻工业出版社

前言

怀孕以后，准妈妈每天所吃的食物，除了维持自身的机体代谢所需外，还要供给体内胎宝宝。营养作为重要因素，对母亲与孩子的近期和远期健康都会产生至关重要的影响。所以，怀孕期间吃什么，也变成很多准妈妈关注的重中之重。

作为准妈妈，在各方面都要加以注意，饮食上也应格外讲究。孕期的饮食应根据其特殊的营养需要进行安排，科学地调配妊娠各时期的饮食营养，这对优孕、优生有着十分重要的意义。有的准妈妈只知道营养的补充是必要的，但是没有科学的营养观念，尤其讲求好东西多多益善，结果更多的营养被自己的身体吸收，胎宝宝反倒没有获取充足的营养成分，造成“长肉不长胎”的情况。

本书通过每月营养提示，详细介绍准妈妈在不同阶段的不同营养需要、饮食宜忌，还提供每周菜单及近 200 道专为满足准妈妈营养需求而设计的食谱，让准妈妈不再发愁孕期吃什么。

目录

孕1月

孕2月

孕3月

孕4月

来自营养师的提示 | 56

孕期饮食之道 | 58

一周食谱推荐 | 59

第 13 周食谱精选 | 60

第 14 周食谱精选 | 62

第 15 周食谱精选 | 64

第 16 周食谱精选 | 66

孕5月

孕6月

孕7月

孕8月

孕9月

孕10月

孕期特殊功效食谱推荐

附录：四季坐月子食谱

孕1月

第一个月，准妈妈一般感觉比较轻松，没有什么特别的不适，但是这个时期对胎宝宝的发育来说非常重要，所以准妈妈的营养摄入也不能放松。

来自营养师的提示

怀孕第一个月，准妈妈要摄取充足而优质的蛋白质，每天应摄取 60~80 克。来源应尽量广泛，包括鱼、肉、蛋、奶、豆制品等，以保证受精卵的正常发育。

怀孕后，准妈妈的血容量扩充，铁的需求量会增加一倍。如果不注意铁质的摄入，很容易患上缺铁性贫血，进而影响胎宝宝健康。另外，充足的锌对胎宝宝器官的早期发育很重要，准妈妈别忘适当补充。

在孕早期，胎宝宝的器官发育非常需要维生素和矿物质，特别是叶酸、铁、锌。最好从准备怀孕开始，就注意补充丰富的维生素及矿物质，让身体不缺乏营养素。

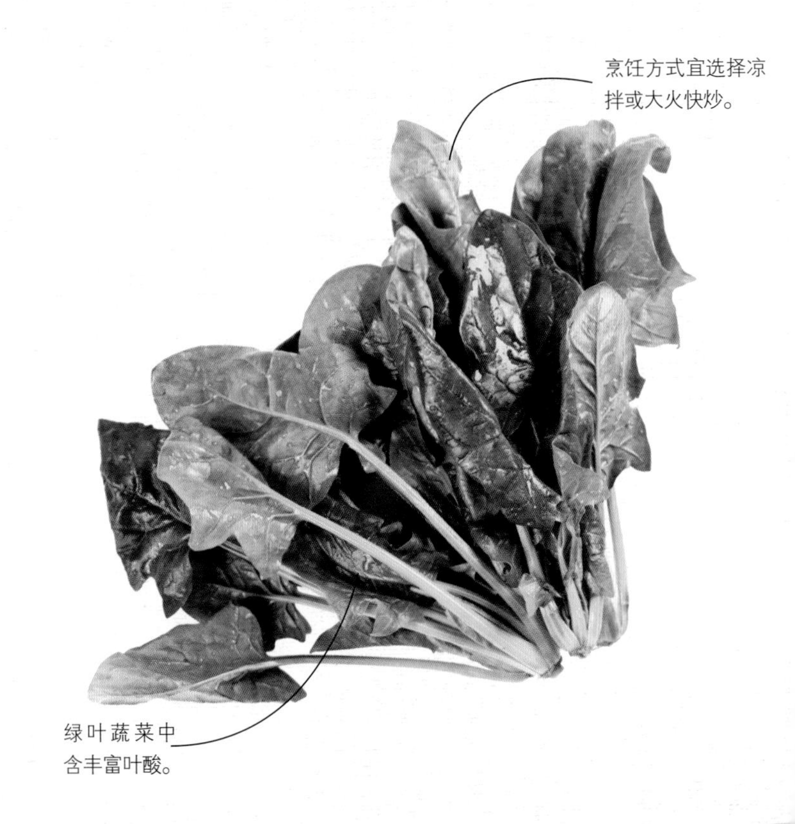

多吃富含叶酸的食物

叶酸是一种水溶性维生素。准妈妈对叶酸的需求量通常比正常人高。尤其孕早期是胎宝宝器官系统分化、胎盘形成的关键时期，细胞生长、分裂十分旺盛，此时叶酸缺乏可影响胎宝宝神经系统发育，造成不可逆的伤害。

可以降低胎宝宝出现神经管缺陷、先天性心脏缺陷和唇腭裂等其他类型缺陷的发生率。

2

叶酸参与 DNA 的合成，对体内的细胞成熟起催化作用，对胎盘的生长发育起促进作用。

准妈妈每天正常摄取，可降低先兆子痫的风险。

普通食材的营养力量

蔬菜中含有丰富的矿物质和维生素，在人体的神经系统发育、提高机体免疫力和抗氧化能力等方面有一定的作用。

芹菜

芹菜中有丰富的维生素A和B族维生素，钙、铁等矿物质含量也不低。准妈妈经常食用芹菜可以促进胎宝宝生长发育，提高其免疫力。芹菜中丰富的膳食纤维可以促进消化，帮助准妈妈缓解便秘症状，芹菜中的碱性成分还可以帮助准妈妈缓解焦虑和失眠。

菠菜

菠菜中含有大量叶酸和微量元素铁，可以预防孕期贫血。准妈妈吃菠菜可以补充叶酸，有助于促进胎宝宝神经管发育。菠菜中含有丰富的抗氧化成分，具有抗衰老、促进细胞增殖的作用，既能激活大脑功能，又可增加体力和活力。

西蓝花

西蓝花可以帮助准妈妈调节血压，缓解焦虑。西蓝花还富含维生素 C、叶酸，可以预防胎宝宝出现神经管方面的畸形，同时有助于提高准妈妈的机体免疫力。

番茄

番茄中含有维生素 C、蛋白质和微量元素等，是营养价值极高的蔬菜。番茄还具有良好的美容效果，可以降低皮肤的色素沉着，预防色斑产生。准妈妈食用番茄可以均衡营养，利于身体排毒和胎宝宝健康发育。

4

准妈妈需要足够的叶酸，以促进身体所需的红细胞产生，预防巨红细胞性贫血。

5

准妈妈可以通过摄入绿叶蔬菜和动物肝脏补充天然叶酸，也可同时配合补充叶酸制剂，但不宜超过1毫克/天。

6

长时间大剂量服用叶酸，会干扰人体内锌的代谢，导致缺锌，造成免疫力下降，诱发惊厥等。

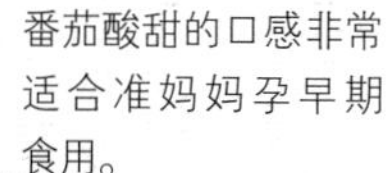

番茄酸甜的口感非常适合准妈妈孕早期食用。

孕期饮食之道

适量吃些豆类食物

豆类中通常含有丰富的优质蛋白质、不饱和脂肪酸、钙及维生素，其中谷氨酸、天冬氨酸、赖氨酸等含量是大米的好几倍。比如，黄豆富含磷脂，是很好的健脑食物。用黄豆制作的豆浆，含有丰富的植物蛋白、磷脂、维生素 B_1、维生素 B_2、烟酸以及铁、钙等矿物质，非常适合准妈妈饮用。

早餐要吃好，午餐、晚餐要吃对

准妈妈的早餐，牛奶、鸡蛋、麦麸饼干、全麦面包都是不错的选择。午餐要营养均衡，碳水化合物、蛋白质都不能少，还要多吃些蔬菜、水果，来补充维生素。下午如有饥饿感，可以吃些可口的小零食。晚餐吃得过饱会增加肠胃负担，因为睡眠时肠胃活动减弱，不利于食物的消化吸收。所以，准妈妈晚餐少吃一点为好，可以适当进食牛奶、坚果、水果，营养又不油腻。

全素食易缺乏牛磺酸

素食中含有丰富的矿物质和维生素，但缺乏牛磺酸。牛磺酸对准妈妈和胎宝宝的视力有着不可忽视的影响。人体中的牛磺酸大部分来自动物性食物，人体自身也能合成少量牛磺酸，但由于孕期准妈妈对牛磺酸需求量增大，全素食的准妈妈要注意额外补充。可以通过改善饮食、摄入充足的动物性食物来补充，也可以在医生的指导下，适量服用牛磺酸补剂。

一人吃双倍食物不科学

很多女性在得知自己怀孕后，就开始努力加大饭量，希望借此来满足胎宝宝的营养需要。其实，准妈妈即使进食量加倍，也不等于胎宝宝就可以完全吸收。准妈妈多吃的食物，大部分可能都转化成了自己身上的脂肪。胎宝宝的营养是否充足，关键在于准妈妈对食物的科学性选择和摄入，而不是靠盲目多吃来达到。

一周食谱推荐

星期	早餐	午餐	晚餐	加餐
一	蔓越莓吐司、牛奶、鸡蛋、苹果	虾仁豆腐、素炒口蘑、米饭	番茄鲫鱼汤、芹菜炒肉、鸡汤面	红豆杂粮饼、橙子
二	黑芝麻蛋卷、菠菜瘦肉粥	孜然豆腐、木耳炒鸡蛋、牛肉面	醋熘藕丁、无花果猪骨汤、蔬菜杂粮卷	草莓、酸奶
三	板栗小米粥、煎蛋、小黄瓜	胡萝卜土豆丝、宫保鸡丁、红豆米饭	蒜薹炒羊杂、菠菜肉丝汤、杂粮窝头	紫薯饼、猕猴桃
四	花生燕麦糊、鸡蛋、凉拌藕片	荷塘小炒、板栗香菇鸡、米饭	番茄鸡蛋汤、豆角烧茄子、牛肉馅饼	苹果、开心果
五	南瓜馒头片、紫菜蛋花汤、煎鳕鱼	金针菇肉片、肉末豆腐、清汤面	小炒百合、毛豆炒鸡蛋、小米饭	蛋挞、牛奶
六	火腿青菜粥、蔬菜卷、鸡蛋	板栗烧肉、素炒油麦菜、五谷饭	葱香秋葵、花甲汤面	粗粮饼干、苹果
日	麦片、牛奶、荷包蛋、香蕉	木樨肉、番茄炒鸡蛋、虾皮汤、米饭	胡萝卜炖牛肉、清炒豌豆苗、麻酱花卷	酸奶、蓝莓

猪肝拌菠菜

原料： 猪肝 100 克，菠菜 300 克，香菜、姜、香油、醋、盐各适量。

做法：

①猪肝洗净，切成片，放入清水锅中煮熟，捞出。

②菠菜洗净，切段，焯烫一下，捞出沥干。

③香菜择洗干净，切段；姜切末。

④把猪肝片、菠菜段、姜末放入碗中，用盐、醋、香油兑成调味汁，浇在食材上，撒上香菜段即可。

营养功效： 含有丰富的维生素 A、维生素 D、维生素 B_{12}、叶酸，准妈妈多食还可补充铁元素，改善孕期贫血等症状。

番茄炒菜花

原料： 菜花 100 克，番茄 1 个，葱段、姜片、盐、油各适量。

做法：

①菜花洗净，掰成小朵，放入沸水中焯烫 2 分钟，捞出沥干；番茄洗净，切块。

②锅内倒入油烧热，下入葱段、姜片爆香，放入番茄块翻炒至软烂，析出汤汁。

③再下入菜花继续翻炒至熟透，加适量盐调味即可。

营养功效： 菜花富含膳食纤维，番茄有丰富的番茄红素，二者搭配酸甜开胃，可缓解准妈妈便秘症状，还具有抗氧化的功效。

里脊炒芦笋

原料：芦笋150克，猪里脊肉200克，红椒丁、盐、油各适量。

做法：

①猪里脊肉洗净，切片；芦笋洗净，切斜段。

②锅内倒油烧热，将肉片放入，翻炒至变色。

③加入芦笋段、红椒丁，继续翻炒至熟透，最后加盐调味即可。

营养功效：含有丰富的蛋白质、维生素、矿物质，能为准妈妈提供能量，带来充足营养，并有助于补铁。

红豆黑米粥

原料：红豆、黑米各50克，大米20克。

做法：

①红豆、黑米、大米分别洗净后，用清水浸泡2小时。

②将浸泡好的红豆、黑米、大米放入锅中，加入足量清水，用大火煮开。

③转小火，慢慢煮至红豆开花，黑米、大米熟透即可。

营养功效：对准妈妈容易出现的头晕目眩、贫血、白发增多、腰膝酸软等症状有一定的缓解作用。

牛奶鸡蛋羹

原料：鸡蛋 1 个，牛奶 150 毫升，白砂糖适量。

做法：

①鸡蛋打入碗中，加入适量白砂糖，搅打均匀。

②蛋液中注入牛奶，继续搅打均匀。

③用细筛网将蛋液慢慢过滤两遍，滤去泡沫。

④隔水炖 5 分钟即可。

营养功效：含有丰富的优质蛋白质和钙，且易消化，非常适合准妈妈食用。

蔬菜薄饼

原料：鸡蛋 2 个，面粉 100 克，菠菜、盐、油各适量。

做法：

①将菠菜洗净，焯烫一下，捞出切碎，挤干水分，备用。

②面粉中倒入打散的鸡蛋液，加入适量清水，拌匀成面糊，加入菠菜碎，调入盐。

③平底锅内放入适量油，将菠菜面糊平摊在锅里，煎至成型即可。

营养功效：促进人体新陈代谢，增强人体的免疫力。薄饼中丰富的铁元素对缺铁性贫血有改善作用，能使准妈妈面色红润，光彩照人。

鸭杂粉丝汤

原料：鸭血、鸭肠、鸭肝各 30 克，豆泡、粉丝、高汤、盐、香菜末各适量。

做法：

①鸭血、鸭肠、鸭肝洗净，切好；豆泡洗净；粉丝泡开。

②高汤煮沸，将切好的食材放入煮开的高汤中炖熟。

③出锅前加香菜末和盐调味即可。

营养功效：富含铁、钙和牛磺酸，可帮助准妈妈补铁补血，预防缺铁性贫血。

玉米蛋花粥

原料：大米 50 克，鸡蛋 1 个，玉米粒、青菜末、猪肉末各适量。

做法：

①大米、玉米粒洗净，加水煮成粥。

②鸡蛋打散，倒入粥中。

③加入青菜末、猪肉末，再煮 5 分钟即可。

营养功效：含有丰富的蛋白质、脂肪、维生素、膳食纤维及多糖等，对缓解准妈妈的便秘症状很有帮助。

猕猴桃汁

原料：猕猴桃 200 克，蜂蜜适量。

做法：

①将猕猴桃洗干净，去皮，切成块。

②猕猴桃块放入料理机中，榨出果汁，倒入杯中。

③加入蜂蜜调味即可。

营养功效：有助于皮肤伤口愈合，止渴利尿，含丰富的维生素，可美容养颜，提高准妈妈免疫力。

煎鳕鱼

原料：鳕鱼肉 1 块，盐、香菜、油各适量。

做法：

①鳕鱼洗净、切块，鱼身抹盐，腌制 10 分钟；香菜洗净，切末。

②锅内放入油烧热，放入鳕鱼块煎至两面金黄，盛出，撒上香菜末即可。

营养功效：鳕鱼肉含有丰富的镁元素和不饱和脂肪酸，对准妈妈的心血管系统有很好的保护作用。

增强人体免疫力

鸡肉香菇面

原料：面条 50 克，香菇 5 朵，鸡肉 100 克，油菜、盐、油各适量。

做法：

①香菇、油菜洗净，焯烫一下，捞出沥干；鸡肉切成块。

②锅内清水煮沸，下入面条，煮熟后捞起，盛入碗中。

③锅内放入油烧热，下香菇、鸡块煸炒，加适量清水煮沸炖熟。

④加适量盐，放入油菜，一起倒入面条碗中即可。

营养功效：促进钙吸收，并可增强准妈妈抵抗力。

护肝，促进胎宝宝大脑发育

木耳炒鸡蛋

原料：鸡蛋 2 个，木耳 20 克，葱花、盐、香油、油各适量。

做法：

①木耳泡发，洗净；鸡蛋打散。

②锅内放入油烧热，将鸡蛋液倒入，翻炒至熟，盛出。

③锅内再加入油，下葱花爆香，放木耳略煸炒，再放入鸡蛋炒匀。

④加盐调味，淋上适量香油即可。

营养功效：蛋黄中的卵磷脂有助于调节准妈妈的血脂，降低胆固醇，保护肝脏，还有助于胎宝宝大脑发育。

时蔬汤

原料：泡发木耳、腐竹各 20 克，菠菜 50 克，山药 30 克，盐、油各适量。

做法：

①将所有食材洗净，山药切片，腐竹、菠菜切段，木耳撕小朵。

②锅中放入油烧热，将全部食材放入煸炒，加入适量的开水，大火煮开，转小火熬煮 10 分钟左右。

③出锅前放入盐调味即可。

营养功效：含有丰富的维生素 C，能使准妈妈肌肤光滑、白净，同时有健脾开胃、润肺利尿作用。

腐竹烧带鱼

原料：带鱼 1 条，腐竹 50 克，料酒、盐、白砂糖、油各适量。

做法：

①带鱼洗净切段，用料酒腌 1 小时；腐竹洗净，用水泡发后，切段。

②锅内放入油烧热，再放入带鱼段，煎至金黄捞出。

③锅留底油，放入带鱼段，加盐、白砂糖，再加入适量水，放腐竹段炖至熟透，收汁即可。

营养功效：带鱼肉中含有丰富的优质蛋白，有助于准妈妈补充营养，促进胎宝宝发育。

鸡蛋玉米羹

原料：鸡蛋 1 个，鲜玉米粒、枸杞子各适量。

做法：

①鸡蛋打入碗中，加适量清水打成蛋液；玉米粒煮熟，捞出。

②锅内烧水，将鸡蛋液隔水炖 10 分钟，定型后取出。

③放入玉米粒、枸杞子再炖 5 分钟即可。

营养功效：含有丰富的维生素 E，可以通过准妈妈输送给胎宝宝，促进胎宝宝大脑发育。

红豆山药粥

原料：红豆、薏米各 30 克，山药 50 克。

做法：

①红豆、薏米分别洗净；山药去皮，切块。

②红豆和薏米放入锅中，加水煮沸，转小火煮 1 小时。

③将山药块倒入红豆薏米水中，继续煮 10 分钟即可。

营养功效：红豆有补血的作用，山药属于药食同源的食材，有健脾养胃的功效，特别适合脾胃虚弱、需要补血益气的准妈妈食用。

孕2月

本月早孕反应开始变得强烈起来，这是胚胎发育最关键的时期。此时，胚胎对致畸因素特别敏感，因此在饮食上要慎之又慎。

来自营养师的提示

这个月是胎宝宝神经系统发育的关键时期，开始发育大脑、骨髓。这一时期的饮食主要以富含维生素、微量元素锌、蛋白质，以及易于消化的食物为主。当然，叶酸的补充也要继续进行。

进入孕 2 月，由于胎宝宝还比较小，准妈妈的营养需求与孕前相比没有太大变化。有的准妈妈可能出现了孕吐反应，此时饮食上不要对自己要求太高，想吃什么就吃什么，想什么时候吃就什么时候吃，不必过于考虑营养均衡、进餐时间等因素，一切以自身情况和需要为主。孕吐反应比较大的准妈妈可以适当吃些清爽的蔬菜、水果等，有助于减轻孕吐导致的不适感。

进入孕期的女性不要让自己饿着，有饥饿感时，可以吃任何想吃的食物。可以在身边常备一些橙子、香蕉、番茄、黄瓜、牛奶和小饼干等，以备随时拿出来食用。

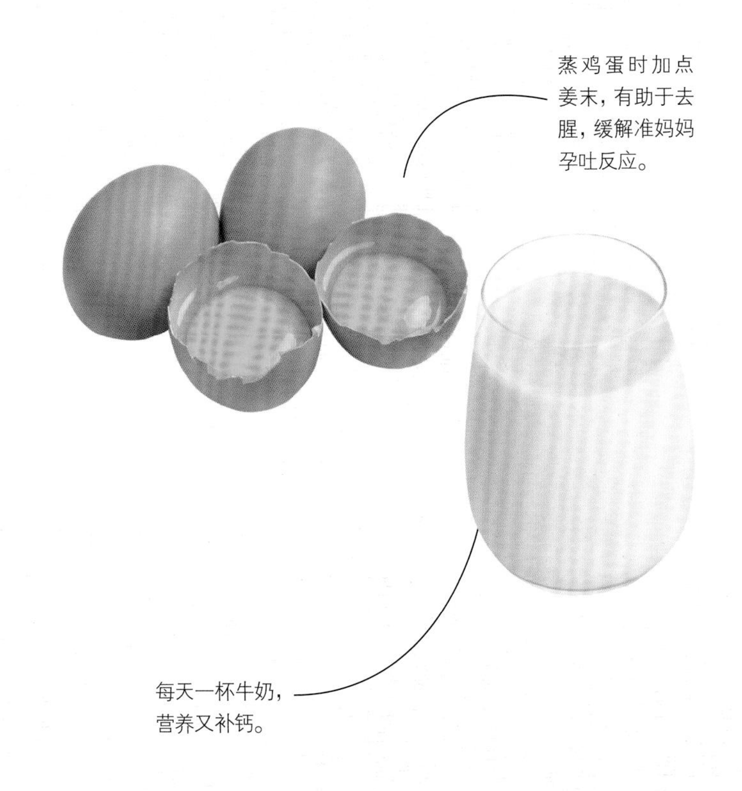

蒸鸡蛋时加点姜末，有助于去腥，缓解准妈妈孕吐反应。

每天一杯牛奶，营养又补钙。

多吃富含 DHA 的食物

DHA 俗称脑黄金，是一种对人体非常重要的不饱和脂肪酸，也是神经细胞生长及维持的主要成分，更是大脑和视网膜的重要构成成分。

1

DHA 是神经细胞生长及维持的主要营养物质，是大脑和视网膜的重要构成成分。

2

DHA 作为一种人体必需的脂肪酸，具有显著增强记忆和提高智力的作用。

3

DHA 不但对胎宝宝大脑发育有重要影响，而且能使视网膜色素分子提高视觉敏锐性。

普通食材的营养力量

水果里面含有多种维生素、微量元素和矿物质，在怀孕期间适量吃水果，是非常有益的。孕早期适量吃水果有利于减轻妊娠反应，增强食欲，缓解便秘。

苹果

苹果清香甜脆，营养丰富，具有润肺化痰、开胃和脾、抑制腹泻等功效，很适合准妈妈食用。每天饭后吃些苹果，对消化不良、反胃都有很好的缓解作用。苹果中富含锌，对此时的胎宝宝发育也非常有益。

梨

梨中的含糖量达 8%~20%，主要是葡萄糖和蔗糖；含有机酸，如苹果酸和柠檬酸；B 族维生素、维生素 C 及钙、磷、铁等也较丰富。梨味甘微酸，性寒，有清心润肺、除烦利尿、清热解毒、润喉消痰、降火止咳、缓解大小便不畅等功效，准妈妈可适当食用。

木瓜

木瓜中含有一种蛋白酶，能分解蛋白质，有利于人体对食物的消化和吸收，减轻胃肠的负担。还含有木瓜酶，对于准妈妈的乳房保健很有好处，能够帮助准妈妈维持胸型，也能为产后泌乳做好充足的准备。需要注意的是，准妈妈不宜过量食用木瓜，每次食用量控制在 200 克以下为好。

香蕉

香蕉是补充钾元素的极好来源。钾元素具有降血压、保护心脏与血管内皮的作用，对准妈妈是十分有益的。香蕉还含有丰富的叶酸，是保证胎宝宝神经管正常发育，避免无脑、脊柱裂等严重畸形发生的关键性物质。另外，香蕉还可以预防和缓解孕期牙疼和抑郁。

4

DHA 能抵抗过敏性变态反应，对过敏性皮炎、支气管哮喘等有一定的预防作用。

5

足量 DHA 可减少产后抑郁症的发生，预防胎宝宝出生后发生情感障碍和行为异常。

6

DHA 的摄入量最低为 160 毫克 / 日，最高为 400 毫克 / 日，鱼类、坚果、藻类中都含有丰富 DHA。

每天吃两种水果，每种不超过 200 克为宜。

孕期饮食之道

微量元素在于全和够

微量元素虽在准妈妈所需营养素中所占的比例较小，但同样发挥着至关重要的作用。微量元素的缺乏会导致新陈代谢紊乱，严重的还会影响胎宝宝发育。准妈妈每日摄入的铁不能多于 60 毫克，保持在 28 毫克左右为宜；每日摄入的锌不能多于 35 毫克，保持在 20 毫克即可。只要合理、正常饮食，一般不会营养不良，没有必要再额外补充微量元素营养剂。

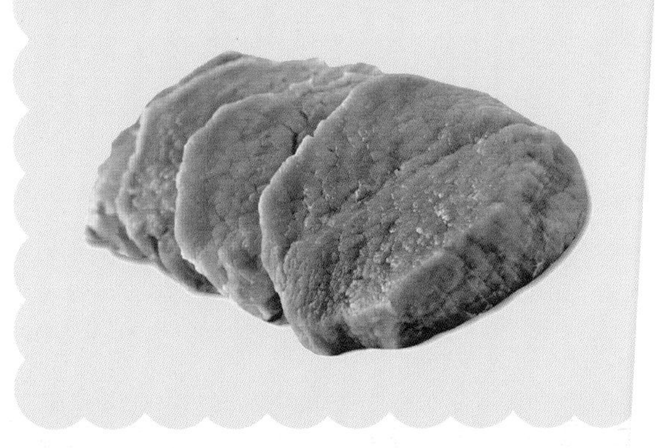

食疗对抗轻微贫血

水果和蔬菜中所含的维生素 C 可以促进铁在肠道的吸收，在吃富含铁的食物的同时，最好一同多吃一些水果和蔬菜。植物中的铁元素往往吸收率比较低，而动物性食物中铁的含量高，吸收率比较高，因此，准妈妈要适当吃些瘦肉、动物肝脏及血、蛋类等富含铁的食物。

避免吃被“污染”的食物

食物本身不应含有有毒有害的物质，但食物在种植或饲养、生长、收割及加工、贮存、运输等环节中，由于环境或人为因素的作用，可能受到有毒有害物质的侵袭而造成污染。这样的食物如果进了准妈妈的口中，不仅会给准妈妈的身体健康造成危害，还会危及胎宝宝的健康发育。因此，家人在日常为准妈妈准备饮食时要格外注意。

不能以保健品代替正常饮食

为了加强营养，一些准妈妈每天要补充很多营养品，诸如蛋白粉、复合维生素、钙片、铁剂、孕妇奶粉等。大量营养品下肚，某些准妈妈就认为自己的营养足够了，日常三餐的营养保证不了也没关系。其实这样做对身体不利，因为营养保健品大都是强化某种营养素或改善某种功能的产品，单纯食用还不如保证普通膳食的营养均衡来得更为有效。

一周食谱推荐

星期	早餐	午餐	晚餐	加餐
一	香芋酥饼、牛奶、鸡蛋、小黄瓜	红烧排骨、冬瓜烧粉条、菌菇汤、米饭	香嫩杏鲍菇、糖醋鱼、小米粥	烤南瓜片、酸奶
二	燕麦南瓜大米粥、鸡蛋、凉拌三丝	菠菜拌胡萝卜、排骨炖藕、炸酱面	菌菇鸡汤、清炒西蓝花、葱花花卷	南瓜子、草莓牛奶
三	发糕、胡萝卜汁、鸡蛋	番茄炒蛋、土豆焖牛肉、米饭	醋熘白菜、香菇肉片、芹菜叶鸡蛋饼	葡萄、腰果
四	芸豆燕麦粥、葱油饼、鸡蛋、凉拌菠菜	芦笋炒虾仁、白灼菜心、炒面	西芹炒牛肉、萝卜炖乳鸽、杂粮窝头	香蕉、糖炒板栗
五	黑芝麻薏仁大米粥、鸡蛋卷、凉拌海带丝	油焖四季豆、咖喱鸡、米饭	芸豆烩西蓝花、茭白炒肉丝、羊肉粉丝汤	奶酪饼干、酸奶
六	青菜鸡汤面、荷包蛋	小鱼干炒黄花菜、海带排骨汤、玉米酥饼	百合炒蛋、蒜蓉粉丝蒸秋葵、肉包	红豆软饼、椰奶
日	牛奶、全麦面包、火腿炒蛋	红烧肉、西芹炒豆干、香菇炒菜心、馒头	糟熘鱼片、清炒小油菜、小米粥、鸡蛋卷	芝麻饼干、柠檬蜂蜜水

丝瓜花蛤汤

原料：丝瓜、花蛤各 200 克，葱段、姜丝、盐各适量。

做法：

①花蛤吐沙，洗净；丝瓜洗净，去皮，切片。

②锅内加入清水，放入丝瓜片、葱段、姜丝，大火煮沸，转小火煮 5 分钟。

③下入花蛤煮 5 分钟，出锅前加盐调味。

营养功效：可以补充矿物质，促进准妈妈新陈代谢；同时补充水分，预防便秘。

茭白炒肉

原料：茭白 100 克，猪里脊肉 50 克，葱段、姜末、料酒、盐、油各适量。

做法：

①茭白洗净，切丝；猪里脊肉洗净，切条，用料酒和一部分姜末腌制 10 分钟。

②锅内放入油烧热，下葱段、剩余姜末爆香，倒入腌好的肉条，炒至变色。

③放入茭白丝，继续翻炒至熟透，最后放盐调味。

营养功效：茭白能给准妈妈提供多种维生素和矿物质，而猪里脊肉则能补充必要的动物蛋白。

南瓜豆沙包

原料： 南瓜250克，红豆、白砂糖、糯米粉、枸杞子各适量。

做法：

①红豆洗净，提前浸泡2小时。红豆倒入高压锅中，加水、白砂糖，煮至绵软，搓成小团。

②南瓜洗净，蒸软，捣成泥后加入适量白砂糖和糯米粉，揉成面团。抓一小团南瓜糯米面团，搓圆，中间摁扁，放入豆沙馅包好。

③上面点缀枸杞子并压出纹路，上锅蒸10分钟即可。

营养功效： 南瓜能润肠通便，缓解视疲劳；豆沙香甜可口，可以缓解准妈妈抑郁的情绪。

瘦肉粥

原料： 大米50克，瘦肉20克，生菜、盐、姜末各适量。

做法：

①大米洗净；瘦肉洗净，切丝，放入加了姜末的沸水中焯熟，捞出；生菜洗净，切段。

②将大米和适量清水放入锅内，大火烧开，转小火熬煮，至米粒熟软时放入肉丝，煮至肉熟粥稠。

③加入生菜，煮2分钟加盐调味即可。

营养功效： 瘦肉粥既提供了丰富的碳水化合物和蛋白质，又富含膳食纤维，适合孕吐严重的准妈妈食用。

黄瓜牛奶粥

原料： 黄瓜 1 根，大米 50 克，牛奶 250 毫升，腰果适量。

做法：

①黄瓜洗净切丝；大米洗净；腰果切碎。

②大米加清水煮成粥，倒入牛奶和黄瓜丝煮至微沸，出锅前放入腰果碎即可。

营养功效： 含有丰富的维生素 C，在清热润肠的同时，还具有美容养颜的效果。

木耳烩豆腐

原料： 干木耳10克，豆腐 200 克，彩椒片、盐、油各适量。

做法：

①干木耳泡发，撕成小朵；豆腐切块，放入沸水焯烫一下，捞出沥干。

②锅内倒入油，待油热后下入彩椒片、木耳翻炒。

③放入豆腐块翻炒，加入适量盐调味即可。

营养功效： 木耳富含铁元素又可促进肠胃蠕动，可以帮助准妈妈减轻消化负担。

芹菜柠檬汁

原料：芹菜 200 克，柠檬 1 个。

做法：

①将芹菜带叶焯水断生，柠檬切开取汁。

②用料理机将芹菜搅碎，加入柠檬汁即可。

营养功效：二者搭配可以清热排毒，有助于准妈妈补充维生素，酸酸的味道，还可以帮助缓解孕吐，提升食欲。

板栗焖猪蹄

原料：猪蹄 250 克，板栗 50 克，葱段、姜片、盐、白砂糖、油各适量。

做法：

①猪蹄切块，焯水；板栗煮熟，去皮。

②锅中放入油，烧热后放入葱段、姜片爆香，放入猪蹄块翻炒。

③锅中加入适量的清水，把板栗放入，再调入盐、白砂糖，小火炖 30 分钟即可。

营养功效：板栗和猪蹄二者搭配能够补益脾胃，帮助准妈妈快速恢复体力。

煲乌鸡汤

原料： 乌鸡 1 只，姜、盐、料酒各适量。

做法：

①乌鸡收拾干净，切块；姜切丝。

②乌鸡块用加入料酒的沸水焯一下，捞出。

③姜丝和乌鸡块一同放入锅内，大火煮开，改用小火炖至乌鸡熟烂。

④出锅前加盐调味即可。

营养功效： 富含氨基酸，有助于准妈妈益气补血、滋养肝肾。

樱桃奶昔

原料： 樱桃 50 克，牛奶 250 毫升。

做法：

①樱桃洗净去核。

②将樱桃放入料理机，加入牛奶，榨成汁即可。

营养功效： 含有丰富的维生素，有助于保持准妈妈营养均衡，而且对孕吐有一定的缓解作用，适合孕早期饮用。

银耳百合粥

原料：大米 50 克，银耳、鲜百合、枸杞子、冰糖各适量。

做法：

①大米洗净，用水泡 30 分钟；鲜百合洗净，掰成瓣；银耳泡发，撕成小朵。

②锅内加入清水，放入大米、银耳，大火煮沸转小火煮至粥黏稠，放入鲜百合瓣、枸杞子继续煮 10 分钟。

③出锅前放入冰糖即可。

营养功效：有滋阴润肺的作用，又能增强准妈妈免疫力，还可以养胃生津。

番茄鸡蛋炒面

原料：鸡蛋 2 个，番茄 1 个，面条 100 克，盐、葱丝、油各适量。

做法：

①鸡蛋在碗中打散；番茄洗净，切块。

②锅中加清水，水开后放面条，待面条八成熟时捞出，放入清水中过凉。

③锅内热油，放入鸡蛋翻炒，再放入番茄块，翻炒出汁。

④放入面条炒熟，撒上葱丝，加入盐调味即可。

营养功效：番茄中含有的番茄红素具有抗氧化、促消化、利水消肿等作用，同鸡蛋、面条一起食用还能为准妈妈提供维生素和优质蛋白质。

山药排骨汤

原料：排骨 200 克，山药 100 克，盐、油各适量。

做法：

①排骨洗净，用开水焯去血水；山药去皮，洗净，切段。

②油锅烧热，放入排骨翻炒。

③锅中加适量清水，没过排骨，大火煮开转小火煮至肉软烂。

④出锅前放山药段煮 10 分钟，再加盐调味即可。

营养功效：可补肾养血、补钙健体，同时可以补铁，对准妈妈贫血有一定的预防作用。

香菇豆腐

原料：豆腐 300 克，香菇、葱花、盐、油各适量。

做法：

①豆腐洗净，切块；香菇洗净，切块。

②锅内烧油，下葱花爆香。

③下豆腐块略煎后，放香菇翻炒，加盐和少量清水，收汁即可。

营养功效：富含优质蛋白质和膳食纤维，软嫩可口，易消化，可预防准妈妈便秘。

核桃牛奶

原料：核桃5个，牛奶250毫升。

做法：

①核桃砸开取仁。

②将核桃仁放入料理机，加入牛奶，打成核桃牛奶，煮开即可饮用。

营养功效：核桃仁中含有人体所必需的脂肪酸、多种维生素和大量的钙、磷、铁等矿物质，和牛奶搭配可帮助准妈妈顺气补血，有止咳化痰、健脑补肾、强筋壮骨、滋养皮肤的效果。

时蔬饭

原料：米饭150克，鸡蛋2个，香菇、胡萝卜、葱末、盐、油各适量。

做法：

①胡萝卜洗净，切成小丁；香菇洗净，切成小丁。

②鸡蛋打散，油热下锅翻炒，盛出。

③锅内留底油，葱末下锅炒香后，将米饭、胡萝卜丁、香菇丁倒入，翻炒片刻，放入炒好的鸡蛋，一起翻炒均匀，出锅前加盐即可。

营养功效：营养全面，能快速补充体能，为准妈妈提供充足的能量。

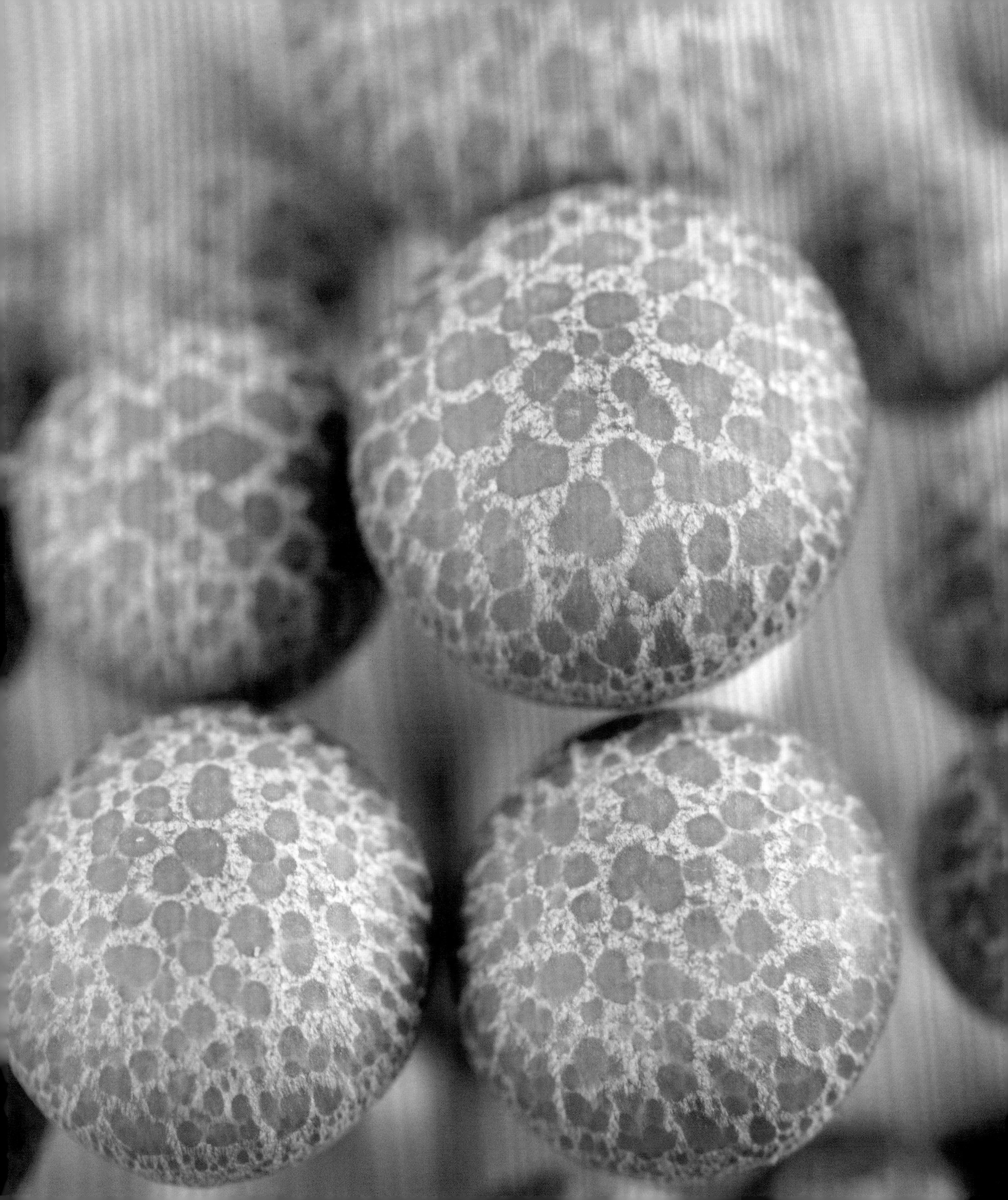

孕3月

胎宝宝迅速成长和发育，营养的需求量也日渐增多。不过，此时所需的营养重质不重量，需要准妈妈补充优质营养，输送给胎宝宝，保障其发育。

来自营养师的提示

孕 3 月是孕吐最严重的时期，部分准妈妈会出现胃灼热、反胃等现象，这是正常的。在出现妊娠反应期间，饮食上要注意清淡，多吃点易消化、少油腻的食物，最好是选择自己平时爱吃的食物，多吃蔬菜水果、豆类及其制品、鱼类、蛋类、奶类等。

此时胎宝宝还比较小，营养需求没有那么大，如果准妈妈没有孕吐反应或者反应比较轻，可以注意膳食结构与营养均衡。孕吐比较明显或者食欲不佳的准妈妈则不必过分勉强自己。

需要注意的是，孕吐反应比较严重的准妈妈，也不能什么都不吃，因为不摄入食物，身体会通过消耗自身脂肪来提供能量，进而产生大量酮体，准妈妈血液中过量酮体的存在会影响胎宝宝大脑及神经发育。准妈妈要保证每天摄入不少于 130 克碳水化合物，首选易消化的粮谷类，如 180 克的米或面食，550 克薯类或鲜玉米也能提供这些碳水化合物。

鲜玉米中含丰富的维生素 A。

面包松软甜香，适合准妈妈胃口不佳的时候食用。

多吃富含维生素 A 的食物

维生素 A 的化学名为视黄醇，是最早被发现的维生素，人体缺乏维生素 A，会影响暗适应能力，导致发育不良、皮肤干燥、干眼病、夜盲症、色斑等。

1

维生素 A 可以维持正常的视觉功能，预防视力衰退及夜盲症，有助于维护准妈妈的视力健康。

2

可参与糖蛋白的合成，对于上皮组织的正常形成发育与维持，有着十分重要的作用。

3

可调节表皮及角质层的新陈代谢，能够抗皱纹，起到延缓衰老的功效，保持准妈妈的年轻状态。

普通食材的营养力量

坚果，是植物的精华部分，营养丰富，富含蛋白质、脂肪、矿物质和多种维生素等，对生长发育、强健体质、预防疾病有非常好的功效。

核桃

核桃中 86% 的脂肪是不饱和脂肪酸，这种成分是大脑组织细胞代谢的重要物质，能滋养脑细胞，增强脑功能。它含有丰富的 ω-3 脂肪酸，可以减少患抑郁症、注意力缺陷型多动症的概率。准妈妈感到疲劳时，吃些核桃仁，有缓解疲劳和压力的作用。

花生

花生的营养价值比一般粮食类高，可与鸡蛋、牛奶、肉类等一些动物性食品媲美。它含有大量的蛋白质和脂肪，特别是不饱和脂肪酸，很适合用于制作各种营养食品。花生中还含有维生素 E 和一定量的锌，能增强记忆力、抗老化、延缓脑功能衰退，并可滋润皮肤。

板栗

板栗中含有丰富的不饱和脂肪酸和维生素、矿物质，是抗衰老的滋补佳品。板栗含有较高的热量与糖分，可以快速补充体力，缓解饥饿，为机体提供能量，准妈妈每次不要吃太多。

腰果

腰果中含有非常丰富的油脂，可以润肠通便，缓解便秘，加快毒素的排出；还可以润肤美容，延缓衰老。腰果可以增强血管的弹性，很好地维持血管的健康，因为腰果中有某些微量元素可以软化血管，对防治心血管疾病非常有益。

4

维生素 A 还可以促进免疫球蛋白的合成，有助于保护表皮黏膜不受侵害，保持皮肤健康。

5

动物肝脏含有丰富的维生素 A，其中每 100 克的动物肝脏中就含有140~846 单位的维生素 A。

6

准妈妈每天维生素 A 的摄入量是 900 微克，如果缺少会影响胎宝宝的发育。

一般橙黄色的食物中维生素 A 含量较丰富。

孕期饮食之道

嗜酸辣食物要有节制

准妈妈口味变化的一个特点就是喜欢酸或者辣，因此就有了“酸儿辣女”的说法，虽然不见得准确，但是客观上说明了这两种口味嗜好的普遍性。嗜酸是因为激素变化导致胃酸分泌量减少，从而影响食欲和消化功能，而吃酸味食物能刺激胃酸分泌。

整个孕期鱼不能少

鱼类含有丰富的氨基酸、卵磷脂、钾、钙、锌等元素，这些都是胎宝宝发育尤其是神经系统发育的必要物质。调查研究表明，多吃鱼有利于胎宝宝脑部神经系统的发育。咸鱼、熏鱼、鱼干一定不要多吃，因这些经过腌制处理的鱼含有很多亚硝酸盐，在人体内可转变成亚硝胺类致癌物质，特别是烧焦的鱼中含有强致癌物质杂环胺，要坚决禁食。

合理的烹饪方式可避免营养流失

孕期吃蒸煮类食物对自身的健康和胎宝宝的发育都非常好，采取蒸煮的烹饪方式要远远好过煎、炸、熏，尽管前者色、香、味都要稍逊一筹，但它对食物营养的破坏性也小很多。蒸煮食物营养保存率较高，比如，大米、面粉、玉米面用蒸的方法，其营养成分可保存 95% 以上；如用油炸的方法，其维生素 B_2 和烟酸损失约 50%，维生素 B_1 则几乎损失殆尽。

缓解孕吐不能只靠零食

怀孕初期，准妈妈常有呕吐、恶心和胃口不佳等症状，嗜好吃酸、吃辣。为缓解孕吐，有的准妈妈索性餐餐吃话梅、果脯等零食。殊不知，这样有损身体健康。孕吐是由胃酸分泌不足、胃肠功能失调造成的。虽然酸辣口味的食物可以刺激胃酸分泌，但如果长期大量食用，也会损害肠胃功能。孕吐厉害，应尽快到医院检查，并进行治疗，以缓解症状。

一周食谱推荐

星期	早餐	午餐	晚餐	加餐
一	南瓜饼、小米粥、鸡蛋、凉拌海带丝	荞麦米饭、三丁豆腐羹、彩椒炒肉片	芹菜炒牛肉、鸡蛋菌菇面	猕猴桃、牛奶
二	豆沙饼、牛奶、凉拌西蓝花	蟹黄豆腐、香菇滑牛肉、麻酱花卷	香菇虾肉饺子、虾皮紫菜汤	银耳汤、苹果
三	胡萝卜鸡蛋、包子、山药粥、凉拌菠菜	鸡肉菠菜面、腰果西蓝花	莲藕排骨汤、清炒豆芽、玉米面饼	南瓜汁、苹果
四	豆腐脑、鸡蛋三明治、橙子	牛肉粉丝汤、素炒菜心、豆腐酿肉	虾皮炒鸡蛋、土豆炖牛肉、米饭	牛奶麦片、草莓
五	奶酪杏仁面包、牛奶、鸡蛋	洋葱炒鸡蛋、炸酱青菜面	莴苣炒蛋、糖醋里脊、鸡蛋饼	胡萝卜苹果汁、开心果
六	土豆丝香煎饼、豆浆、凉拌鸡丝娃娃菜	酱汁豆腐、香菇炒鸡蛋、米饭	红烧狮子头、宫保虾球、米饭	小面包、梨
日	油菜南瓜包、五谷豆浆、鸡蛋	羊肉萝卜汤、白灼生菜、炸酱面	肉末豆腐鸡蛋羹、南瓜烧排骨、绿豆小米粥、馒头	香蕉、酸奶

虾皮冬瓜汤

原料：冬瓜 150 克，虾皮 10 克，姜片、葱花、盐各适量。

做法：

①冬瓜洗净，切片。

②锅中倒入清水烧开后，放入姜片、冬瓜片和虾皮，煮 15 分钟。

③出锅前加入适量葱花、盐调味即可。

营养功效：能够清热排毒，激发准妈妈的食欲，有排水利湿的作用。

蒸鸡肉

原料：鸡肉 200 克，葱、姜、盐各适量。

做法：

①鸡肉洗净，切块；葱切丝，姜切片。

②鸡块上放葱丝、姜片，撒适量盐，上锅大火蒸 30 分钟即可。

营养功效：鸡肉富含蛋白质，味道鲜美，有提升食欲的作用。

燕窝桃胶

原料：燕窝 25 克，桃胶 50 克，红枣适量。

做法：

①桃胶提前 15 小时浸泡，泡开后，去除里面的杂质；燕窝浸泡至完全松软；红枣洗净。

②将泡好的燕窝、桃胶及洗净的红枣放入炖盅，加适量清水，炖 40 分钟即可。

营养功效：燕窝中含有丰富的氨基酸，具有生津、提升免疫力的功效；桃胶含有半乳糖，具有调节肠道菌群的作用，能促进肠道健康。准妈妈可以偶尔食用，具有滋阴养肾、补虚养胃的作用。

麻油炒猪肝

原料：鲜猪肝 100 克，姜、黑麻油、盐各适量。

做法：

①将鲜猪肝洗净，切片；姜切丝。

②锅内倒入黑麻油，待油热后，放入姜丝爆香。

③放入猪肝片，翻炒至变色熟透，最后加盐调味。

营养功效：这道菜可补铁、补血，快速补充体力，对孕期贫血的准妈妈很有益处。

红米山药浆

原料：红豆、红米各20克，山药50克，冰糖适量。

做法：

①红豆、红米洗净；山药去皮，洗净，切块。

②所有食材放进料理机，加入适量清水打成浆；然后用小火煮开，加入冰糖即可。

营养功效：健脾益气、祛湿，对准妈妈脱发有一定预防作用。

豌豆炒虾仁

原料：虾仁150克，鲜豌豆100克，盐、油各适量。

做法：

①将鲜豌豆洗净，放入开水锅中，焯烫一下。

②锅内放入油，烧热后，将虾仁入锅，翻炒出香味。

③放入焯好的鲜豌豆，翻炒至熟烂，加盐调味即可。

营养功效：补充优质蛋白、补钙，还能保护血管。

核桃莲藕汤

原料：核桃仁 20 克，莲藕 250 克，盐、香油各适量。

做法：

①莲藕去皮，洗净，切片。

②莲藕片和核桃仁同放入锅中，加适量清水，用大火煮沸，再改用小火炖煮。

③待莲藕软烂后，加入盐、香油调味即可。

营养功效：含有丰富的膳食纤维和不饱和脂肪酸，可缓解准妈妈便秘症状，并促进胎宝宝大脑发育。

南瓜炖牛腩

原料：牛腩 300 克，南瓜 200 克，葱段、姜片、盐、油各适量。

做法：

①牛腩切块，放入热水锅中焯烫一下，捞出；南瓜去皮、瓤，切块。

②锅内热油，下葱段、姜片爆香，放入牛腩块翻炒至变色，加水，用大火煮沸。

③转小火炖 60 分钟，放入南瓜块，再炖 15 分钟。出锅前放盐调味即可。

营养功效：能够解毒消肿，清热利尿，同时补充维生素和蛋白质，帮助准妈妈保持活力。

燕麦南瓜粥

原料：燕麦片 20 克，大米 50 克，南瓜 1 个。

做法：

①南瓜洗净，削皮，切块；大米洗净，用清水浸泡 30 分钟。

②锅置于火上，将大米放入锅中，加适量水，大火煮沸后转小火煮 20 分钟。

③放入南瓜块，小火再煮 10 分钟。

④加入燕麦片，继续用小火煮 20 分钟即可。

营养功效：香甜可口，增进食欲，补充维生素及膳食纤维，有助于准妈妈通便。

清炒口蘑

原料：口蘑 100 克，葱丝、高汤、盐、水淀粉、油各适量。

做法：

①口蘑洗净，切片。

②油锅烧热，下入葱丝爆香，倒入口蘑片翻炒至变软，加入适量盐、高汤，淋入水淀粉勾芡即可。

营养功效：鲜香开胃，富含维生素和卵磷脂，有助于胎宝宝大脑发育。

板栗花生汤

原料： 猪瘦肉100克，板栗、花生仁、葱段、姜片、盐、油各适量。

做法：

①板栗去壳，猪瘦肉切片。

②锅内热油，放入部分葱段、姜片爆香，下入肉片翻炒至熟透，捞出。

③锅内放入适量清水，将所有食材放入锅中，加入剩余葱段、姜片，大火煮沸转小火慢熬1小时，加盐调味即可。

营养功效： 健脾补肾，滋阴润燥，能够缓解准妈妈腰酸无力、尿频等症状，对胎宝宝发育也有益。

紫菜胡萝卜饭

原料： 胡萝卜、大米各50克，紫菜碎10克。

做法：

①胡萝卜洗净，切丁；大米洗净。

②锅中倒入适量清水，放入大米、胡萝卜丁，大火煮沸转小火，煮至饭熟。

③倒入紫菜碎拌匀，焖5分钟即可。

营养功效： 胡萝卜含有胡萝卜素，可保护视力。紫菜富含铁、维生素A、维生素C，可补充准妈妈所需的维生素，增强抵抗力。

红豆糯米粥

原料：糯米、大米、红豆各 20 克，冰糖适量。

做法：

①糯米、大米、红豆用清水洗净，浸泡 2 小时。

②将糯米、大米、红豆放入锅中，加入清水，煮沸后转小火煮 1 小时。

③出锅前放入冰糖调味即可。

营养功效：温和滋补，有健脾暖胃、止汗补虚、补中益气的功效。

清蒸虾

原料：虾 6 只，葱段、姜片、醋、香油、盐各适量。

做法：

①虾挑去虾线，洗净。

②虾摆在盘内，加入葱段、姜片，上锅蒸 10 分钟左右。

③拣去姜片、葱段，用醋、香油、盐兑成汁，蘸食。

营养功效：富含优质蛋白和微量元素，同时可以补充准妈妈所需钙质。

莲子猪骨汤

原料：莲子 50 克，猪骨 250 克，盐适量。

做法：

①莲子洗净，浸泡 3 小时。

②猪骨洗净，切块，放入热水中焯烫一下。

③锅中放入清水煮沸，下入猪骨块和莲子，大火煮沸转小火煮 1 小时。出锅前加盐调味即可。

营养功效：可以安神补脑，增强准妈妈身体免疫力。

芹菜虾仁

原料：芹菜 200 克，虾仁 100 克，葱末、姜末、彩椒丝、盐、油各适量。

做法：

①芹菜择洗干净，切段，用开水略焯烫。

②油锅烧热，下入葱末、姜末、彩椒丝炝锅，放入芹菜段、虾仁翻炒至熟。

③加盐调味即可。

营养功效：富含优质蛋白质、膳食纤维和多种维生素，益气补虚，增强准妈妈免疫力，预防多种疾病。

孕4月

准妈妈的不适症状已经大有改善，早孕反应基本消失，流产的危险也变得很小。这时也是食欲突然旺盛的时期，需要较多的营养。

来自营养师的提示

孕 4 月，孕吐及胃部压迫感等不适症状消失，准妈妈身心安定，因而食欲会变得很旺盛。胎宝宝也进入了快速生长期，准妈妈此时需要补充充足的营养，摄取足够的蛋白质、植物性脂肪、钙、维生素等营养物质，不能偏食。

胎宝宝需要大量的蛋白质，来构成自己的肌肉、筋骨，而准妈妈也需要蛋白质供子宫、胎盘和乳房发育；胎宝宝的骨骼、大脑发育需要大量的钙、磷，一定量的碘、锌和多种维生素。准妈妈应以益气养血为主，主食除大米、面食外，还可吃些小米、大麦。

动物性食物所提供的优质蛋白质是胎宝宝生长和准妈妈组织增长的物质基础。此外，豆类以及豆制品所提供的蛋白质与动物性食品相仿，可适当选食豆类及其制品以满足机体需要。但动物性食物提供的蛋白质应占蛋白质总摄入量的 1/3 以上。

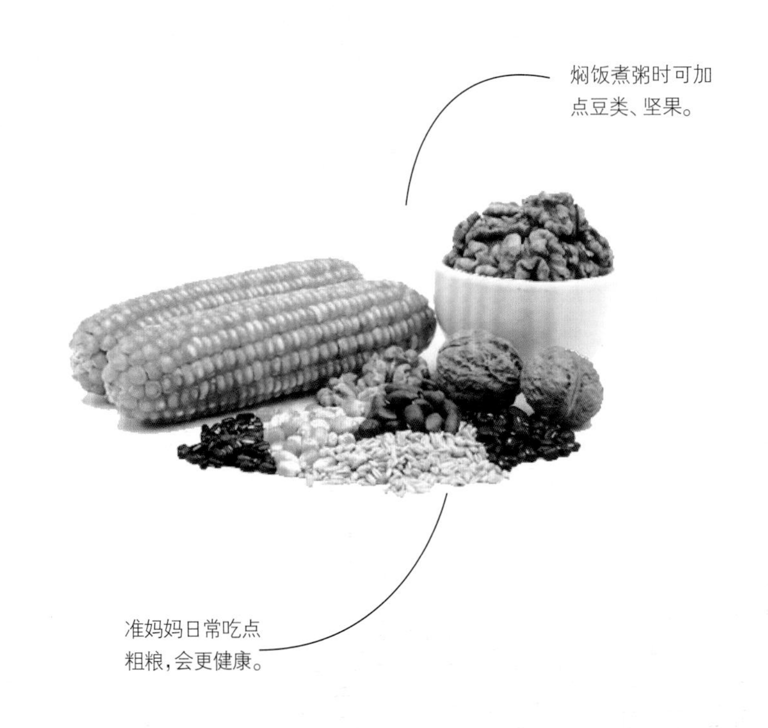

焖饭煮粥时可加点豆类、坚果。

准妈妈日常吃点粗粮，会更健康。

多吃富含钙的食物

钙是生命之源，是人体含量最丰富的矿物质，总量超过 1 千克，有“生命元素”的美誉。

1

钙是矿物质中的主要元素之一，对人体的新陈代谢、酸碱平衡有很重要的作用。

2

准妈妈补充钙元素可以预防骨质疏松，保护牙齿和骨骼的健康。

3

如果在血浆中钙离子含量太少，人体出血后将不易凝结，而大量失血。

普通食材的营养力量

肉类中所含蛋白质是优质蛋白质，含有的必需氨基酸不仅种类齐全、含量丰富，而且比例适中，易于人体消化吸收。肉类是人体所需营养的重要来源，孕期应适量摄入。

鸭肉

鸭肉富含蛋白质、钙、铁、钾、B族维生素和维生素E等营养素，且脂肪含量少，适量摄取可利尿消肿，对孕中期出现水肿症状的准妈妈很有帮助。准妈妈平时可以用鸭肉煮粥或炖汤。

鸡肉

鸡肉的营养非常丰富，不仅含有蛋白质，还有多种维生素、钙、磷、铁等，适合准妈妈食用。鸡肉是低脂肪、高蛋白的食物，可以降低血液中的胆固醇和中性脂肪含量，可预防妊娠高血压综合征，对孕期体重控制也很有帮助。

鱼肉

鱼肉不但对准妈妈自己的健康有利，而且对胎宝宝的发育也是非常有益的。鱼肉中的蛋白质含量较高，还可以满足准妈妈对锌、钙等营养元素的需求。鱼肉还具有滋补、健胃、清热解毒、利水消肿的功效，准妈妈经常吃鱼，对预防和治疗胎动不安、妊娠性水肿有一定的辅助作用。

牛肉

牛肉的营养非常丰富，可以补充人体所需要的多种微量元素、氨基酸、矿物质和维生素。牛肉中蛋白质、脂肪含量较高，有强壮筋骨的作用，还有补脾和胃、益气增血的作用。准妈妈适量吃牛肉能够提高机体的抗病能力，有利于促进胎宝宝的生长和发育。

4

含钙高的食物要避免和草酸含量高的食物一起食用，如菠菜、红薯叶、苦瓜、芹菜、油菜等，以免影响钙质吸收。

5

奶和奶制品是钙的优质来源，其钙含量丰富，且吸收率高。

6

准妈妈过度补钙，会使钙质沉淀在胎盘血管壁中，导致胎宝宝代谢异常，不利于健康发育。

牛奶含钙量高，且非常容易被人体吸收。

孕期饮食之道

多吃抗辐射的食物

番茄、西瓜、葡萄柚等红色蔬果中含有丰富的番茄红素，具有极强的清除自由基的能力，有抗辐射、提高免疫力、延缓衰老等功效。十字花科蔬菜，如小白菜、大白菜、芥蓝等，都富含维生素 E，可以减轻电脑辐射导致的过氧化反应，从而减轻辐射对皮肤的损害。西蓝花、胡萝卜、菠菜等富含维生素 A，有助于抵抗电脑辐射的危害，还能保护视力。

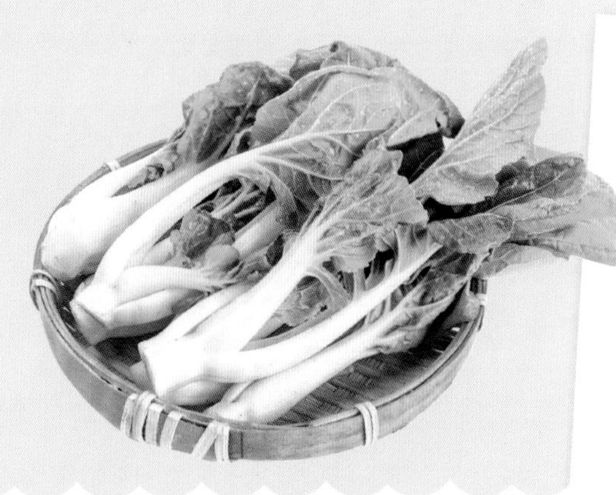

调节饮食，预防过敏

很多准妈妈在孕期会发生过敏现象，或者原有的过敏症状会变得更为严重。鸡蛋、牛奶、豆制品、鱼类、贝类都是容易引起过敏的食物，过敏体质的准妈妈要注意。多吃富含维生素 C、维生素 E、B 族维生素的食物，并多饮水，可以有效预防过敏。准妈妈可以通过食用蜂蜜、红枣、金针菇、胡萝卜等食物，来缓解过敏症状。

海鲜美味要慎食

海鲜中可能存在寄生虫卵和运输加工中被污染的病菌，因此最好彻底煮熟后再食用。一般情况下，海鲜在沸水中煮 5 分钟以上才算彻底杀菌。海鲜不宜与某些水果一起食用，如柿子、葡萄等富含鞣酸的水果，同吃可形成不易消化的凝块，甚至形成胃柿石，导致胃痛。因此，食用海鲜与食用这些食物的间隔要大于 2 小时，这样比较安全。

补钙不能只喝骨头汤

喝骨头汤可以补钙，但效果并不理想。钙是一种不溶于水的矿物质，在骨汤中非常少，即使可以在烹饪过程中加入大量的醋以达到溶解钙的目的，但效果依然有限。同时，无论采用何种方法烹制骨汤，其中的钙含量都是比较少的。喝过多骨头汤，反而可能因为油腻，给准妈妈肠胃造成负担。

一周食谱推荐

星期	早餐	午餐	晚餐	加餐
一	生菜三明治、煎蛋、牛奶	红烧排骨、素炒西蓝花、米饭	蔬菜鸡蛋面、凉拌豆芽	小黄瓜、番茄
二	煮玉米、牛奶	蒜末油麦菜、老鸭汤、茭白牛肉丝、花卷	清蒸鱼、西芹百合、红豆饭	苹果、酸奶
三	西葫芦糊塌子、凉拌三丝、豆浆	炖豆腐、白灼菜心、三鲜饺子	炝炒土豆丝、香菇肉片、小米粥	橙子、腰果
四	鲜肉小馄饨、煎蛋、苹果	土豆炖牛肉、炒菜花、素炒油菜、杂粮饭	凉拌胡萝卜丝、芹菜炒肉、荠菜包子	粗粮饼干、牛奶
五	面包、牛奶、鸡蛋、生菜沙拉	炖大黄花鱼、香菇菜心、黄瓜干丝汤、米饭	番茄鸡蛋面、清炒白菜	黑芝麻糊、梨
六	素包子、豆浆、凉拌紫甘蓝	素炒杏鲍菇、青椒炒猪肝、白灼秋葵、米饭	凉拌萝卜丝、香菇木耳肉片、玉米排骨汤、馅饼	煮蛋、草莓
日	小笼包、豆浆、凉拌豆芽	番茄牛腩、油焖大虾、素炒豌豆尖、粗粮馒头	上汤娃娃菜、香菇豆腐、南瓜饭	柚子、牛奶

平菇二米粥

原料：大米、小米各50克，平菇30克，高汤、盐各适量。

做法：

①平菇洗净，撕成条。

②锅中放入适量清水，将大米、小米放入，用大火煮沸转小火熬煮，至粥黏稠。加入平菇条拌匀，下高汤，调入盐，煮熟即可。

营养功效：可以快速补充体能，并且可补充钙质，促进准妈妈骨骼的健康。

麻酱菠菜

原料：菠菜200克，麻酱、蒜末、盐、香油、醋各适量。

做法：

①菠菜择去老叶，切根，洗净，汆烫后晾凉，挤干水分，切段。

②麻酱加水、蒜末、盐、香油、醋搅匀调汁。

③将调好的麻酱汁淋在菠菜段上即可。

营养功效：富含多种维生素和膳食纤维，促进准妈妈肠胃蠕动，增强体质。

时蔬炒带子

原料：西葫芦 100 克，带子 60 克，荷兰豆、彩椒、盐、油各适量。

做法：

①将西葫芦、荷兰豆、彩椒洗净切好，带子泡发。

②热锅加少量油，将食材放入锅内翻炒 5 分钟，加盐调味即可。

营养功效：西葫芦可缓解便秘，带子富含微量元素，二者搭配，高蛋白、低脂肪，营养丰富。

丝瓜鸡蛋汤

原料：丝瓜 100 克，鸡蛋 1 个，盐、油各适量。

做法：

①丝瓜去皮，切片；鸡蛋打散，搅匀。

②锅内加油烧热后下入鸡蛋液，翻炒至八分熟。

③锅内加适量清水，煮沸放入丝瓜片，转小火熬煮至丝瓜片熟透。出锅前加盐调味即可。

营养功效：丝瓜可利水消肿，帮助缓解孕期水肿；且富含维生素 C，能改善准妈妈肤质，使皮肤洁白、细嫩。

黄芪陈皮粥

原料：黄芪 10 克，大米 50 克，陈皮 5 克。

做法：

①黄芪洗净，煎煮取汁；陈皮洗净；大米洗净。

②将大米放入锅中，加入煎煮好的黄芪汁和适量清水，熬煮至七成熟。

③将准备好的陈皮放入粥中，同煮至熟。

营养功效：滋阴补虚，可减轻孕期盗汗症状，还有开胃、增强免疫力等效果。

芹菜杏鲍菇

原料：芹菜 200 克，杏鲍菇 100 克，彩椒、盐、油各适量。

做法：

①芹菜洗净，切段；杏鲍菇洗净，切条；彩椒洗净，切丝。

②油锅烧热，下芹菜段，翻炒至略析出汤汁。

③继续下入杏鲍菇条翻炒，出锅前加入彩椒丝，用盐调味即可。

营养功效：清热排毒，补充多种维生素和膳食纤维，促进准妈妈排便，预防便秘。

紫米豆浆

原料：紫米20克，黄豆30克。

做法：

①紫米、黄豆分别洗净，浸泡8小时。

②将紫米、黄豆连同适量清水放入料理机中，启动“豆浆”程序。

③程序结束后，倒出豆浆即可。

营养功效：有助于准妈妈补铁补血，暖胃健脾，滋阴明目。

党参乌鸡汤

原料：乌鸡1只，党参5克，姜丝、枸杞子、盐各适量。

做法：

①锅中放入适量清水烧开，放入乌鸡焯烫，去除血水，捞出。

②将乌鸡、党参、枸杞子、姜丝放入锅中，加入适量清水，大火煮沸，转小火煲2小时。出锅前加盐调味即可。

营养功效：益脾养胃，增进食欲，补充营养，可有效调理准妈妈身体。

胡萝卜豆浆

原料：黄豆、胡萝卜各 50 克，欧芹适量。

做法：

①黄豆用清水泡 6 小时以上。

②将胡萝卜刨皮洗净，切小丁，和泡好的黄豆一起倒入料理机，加入适量清水，启动“豆浆”程序，完成后倒入碗中，加入欧芹点缀，饮用即可。

营养功效：可以有效增强准妈妈免疫力，预防缺铁性贫血。

香煎带鱼

原料：带鱼 200 克，鸡蛋 1 个，葱丝、盐、油各适量。

做法：

①带鱼洗净，切段；鸡蛋打散备用。

②锅内放少量油，烧至七分热，带鱼段蘸足蛋液，下锅煎至两面金黄。

③出锅撒上盐，用葱丝点缀即可。

营养功效：含有丰富的镁元素，对准妈妈的心血管系统有很好的保护作用，还有养肝补血、润肤养发的功效。

黑米饭

原料： 黑米、大米各 50 克。

做法：

①黑米、大米淘好，浸泡 30 分钟。

②泡米水和黑米、大米一同倒入电饭锅内，把米蒸熟即可。

营养功效： 补充维生素，调节肠胃，改善缺铁性贫血，增强机体免疫力，对体质虚弱的准妈妈有良好的补养作用。

玉米排骨汤

原料： 玉米 1 根，排骨 300 克，葱、姜、盐、油各适量。

做法：

①排骨剁块，开水焯一下，捞出。

②玉米洗净，切段；葱切段；姜切片。

③锅里倒入油，放入葱段、姜片爆香，倒入排骨块炒至变色。

④加清水，放入玉米段，大火煮沸，转小火煮 1 小时。出锅前加入盐调味即可。

营养功效： 富含维生素、钙、胶原蛋白、蛋白质和膳食纤维，有助于疲劳的准妈妈恢复元气。

胡萝卜小米粥

原料：胡萝卜、小米各 50 克。

做法：

①胡萝卜洗净，切成小块；小米用清水清净。

②将胡萝卜块和小米放入锅中，加入清水，大火烧开，转小火慢熬至小米开花，胡萝卜块软烂。

营养功效：补充维生素，调节准妈妈肠胃，护肝明目，温和滋养。

空心菜炒肉

原料：空心菜 150 克，猪瘦肉 100 克，葱、姜、盐、油各适量。

做法：

①空心菜、猪瘦肉分别洗净；空心菜切段，猪瘦肉切条；葱切段，姜切片。

②锅内倒入油，下入姜片和葱段爆香，加入猪肉条翻炒。

③炒至猪肉熟透后，加入空心菜段，再炒到菜熟。

④最后加盐调味即可。

营养功效：为准妈妈补充维生素的同时，补充优质蛋白质，营养全面，清新开胃。

菌菇鸡汤

原料：土鸡1只，香菇30克，葱段、姜片、盐、淀粉各适量。

做法：

①香菇洗净，去蒂切块；土鸡洗净，剁成块。

②将土鸡块放入锅内，加清水，放入葱段、姜片、香菇块，大火煮到沸腾，改小火慢炖至鸡肉软烂，出锅前加盐调味即可。

营养功效：鲜美可口的鸡汤可以帮助疲劳的准妈妈恢复体力，增强免疫力。

樱桃牛奶

原料：樱桃100克，牛奶250毫升。

做法：

①樱桃洗净，去核，榨成果汁。

②在榨好的樱桃果汁中兑入牛奶，搅匀后饮用即可。

营养功效：二者所含的维生素、花青素、钙等营养素可以增强免疫力，有效提高准妈妈的机体抗病能力。

孕5月

此时胎宝宝生长趋于平稳，准妈妈需要将更多的精力放到增强营养上，保证每天食用营养均衡的食物，但切忌饮食过量。

来自营养师的提示

孕 5 月，由于胎宝宝各个器官组织在不断地发育和完善，因此需要增加营养，尤其要注意及时补铁、补钙。由于肠胃受到子宫挤压，准妈妈可能会出现消化不良等症状，此时可以减少每顿摄入量，少食多餐。

这个阶段，胎宝宝消化器官、神经系统、骨骼系统都在生长发育，基础代谢率增加。这个时候准妈妈的食欲旺盛，但要适当控制体重，防止出现妊娠合并疾病。饮食方面，要注意补充蛋白质、维生素，避免吃辛辣、过咸的食物。

此时，还要适当吃动物内脏，它们不仅含有丰富的优质蛋白质，还含有大量的维生素和矿物质。本月，准妈妈对维生素、矿物质、微量元素等需求明显增加，应至少每周一次选食一定量的动物肝脏。

多吃富含维生素 C 的食物

维生素 C 又名抗坏血酸，是一种水溶性维生素，在体内参与多种化学反应，具有维持免疫功能、保持血管韧性等作用。

1. 维生素 C 的主要作用是提高免疫力，预防癌症、心脏病、中风，保护牙齿和牙龈等。
2. 维生素 C 可以减轻铅、汞、镉、砷等重金属物质对人体的毒副作用。
3. 富含维生素 C 的食物有菜花、橙子、番茄等，绝大部分蔬菜、水果中维生素 C 的含量都不少。

普通食材的营养力量

蛋奶类食物营养价值很高，蛋白质含量高，适合人体营养需求，而且非常易于消化吸收，是准妈妈补充蛋白质的最佳途径之一。

牛奶

每 100 毫升牛奶中约含有 100 毫克钙，牛奶中的钙最容易被吸收，磷、钾、镁等多种矿物质和氨基酸的比例也十分合理。每天喝 500 毫升牛奶，就能保证钙等矿物质的摄入量。准妈妈孕期要补钙，喝牛奶就是一种很好的补充方式。

酸奶

准妈妈喝酸奶也可以补充钙质。牛奶是人体钙质补充最好的方式，酸奶虽然经过了发酵，但是它的钙含量并不比牛奶少，而且经过了发酵之后，牛奶当中的一部分乳糖会变成乳酸，更适合有轻微乳糖不耐受的准妈妈喝。

鸡蛋

鸡蛋是准妈妈孕期当中不可缺少的营养食材，它含有的卵黄素、卵磷脂、胆碱等对神经系统和身体发育有利，能益智健脑、改善记忆力、促进肝细胞再生。准妈妈吃鸡蛋不仅有益于胎宝宝大脑的发育，而且母体储存的优质蛋白质还有利于提高产后母乳的质量。

鹌鹑蛋

鹌鹑蛋中氨基酸种类齐全，还有高质量的多种磷脂、激素等人体必需成分，铁、核黄素、维生素 A 的含量均比同量鸡蛋高，是准妈妈的理想滋补食物。

4

每人每天维生素 C 的最佳摄入量应为 200~300 毫克，最低不小于 60 毫克，100 毫升新鲜橙汁便可达到这个最低量。

5

可以促进钙、铁、叶酸的吸收利用，贫血和缺钙的准妈妈补充钙、铁时，可以配合补充维生素 C 共同进行调理。

6

如果准妈妈摄取维生素 C 超量，肠道渗透压改变，会产生轻微的腹泻。

菜花中不仅含有丰富的维生素 C，还可以保护肝脏和血管。

孕期饮食之道

摄入足够的热量

如果准妈妈孕期热量供应不足，就会动用母体贮存的糖原和脂肪，会导致身体消瘦、精神不振、体温过低、抵抗力下降等。因此，保证孕期热量的供应很重要。葡萄糖在体内发生氧化反应会释放出热量，是胎宝宝代谢必需的能量来源。当准妈妈葡萄糖供应不足时，易引起酮血症，进而影响胎宝宝智力发育，也会使出生宝宝体重过低。

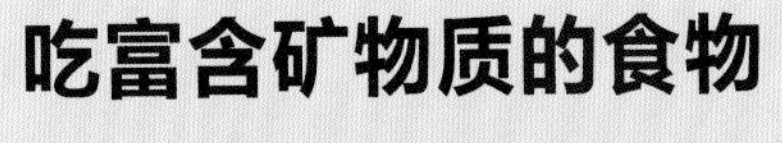

吃富含矿物质的食物

一般来说，孕期中的准妈妈可以从食物中获取身体所需的微量元素。要特别注意摄取量，过多或者过少都会对准妈妈及胎宝宝造成不利影响。因此，孕期补充微量元素需要做到合理、及时、有效、科学。准妈妈应选择含矿物质比较丰富的食物，以达到营养均衡的目的，满足自身和胎宝宝的身体需要。

维生素不是越多越好

孕期过量服用维生素类保健品会影响胎宝宝的生殖细胞发育。维生素 A 摄入过量，会给胎宝宝带来致畸危险；过量服用维生素 D，则可能引起胎宝宝高钙血症；长期过量服用叶酸，则会干扰准妈妈的锌代谢，影响胎宝宝发育；长期大量摄入鱼肝油和钙，会引起准妈妈食欲减退、皮肤发痒、毛发脱落及血液中凝血酶原不足、维生素 C 代谢障碍等。

不能为控制体重而拒绝脂肪

在怀孕阶段尤其不应该拒绝脂肪，因为脂肪对胎宝宝神经系统以及细胞膜的形成是必不可少的。脂肪可分为两类："好"脂肪（含不饱和脂肪酸，比如 $\omega-3$）和"坏"脂肪（含饱和脂肪酸，比如黄油或全脂奶产品中的脂肪）。在孕期，这两种脂肪都应该进行补充，胎宝宝缺乏必需的脂肪，在日后是无法弥补的。因此，准妈妈不能全吃素。

一周食谱推荐

星期	早餐	午餐	晚餐	加餐
一	燕麦黑豆浆、南瓜饼、鸡蛋	百合炒肉、冬瓜丸子汤、杂粮饭	菠菜魔芋虾汤、炒面片	火龙果、酸奶
二	红枣豆浆、面包、鸡蛋、苹果	木耳炒鸡蛋、红烩海鲜汤、麻酱花卷	豆芽排骨汤、清炒西蓝花、米饭	牛奶胡萝卜汁、开心果
三	山药粥、华夫饼、鸡蛋、鸡丝娃娃菜	时蔬汤、芹菜虾仁、牛肉馅饼	红烧牛肉面、素炒油菜	粗粮饼干、橙汁
四	香菇粥、烧卖、煎蛋、菠菜花生	芹菜炒牛肉、鲫鱼豆腐汤、米饭	番茄炒蛋、玉米松仁、奶香馒头	蒸红薯、苹果
五	糯米桂圆粥、鸡蛋、凉拌芹菜腰果	莴苣干贝汤、孜然牛肉、紫菜包饭	虾仁馄饨、葱爆羊肉、素炒青菜	柚子、牛奶
六	牛奶、鸡蛋三明治、蔬菜沙拉	蒜香西蓝花、豉汁蒸排骨、花卷	莲藕煲猪蹄、清炒油麦菜、米饭	酸奶、香蕉
日	玉米牛奶、鸡蛋卷饼、蔬菜沙拉	清蒸黄花鱼、莴苣炒肉、玉米面窝头、番茄鸡蛋汤	胡萝卜紫薯饭、香菇牛肉汤、糖醋丸子	烤红薯、草莓

薏米山药粥

原料：薏米、大米各50克，山药30克，枸杞子适量。

做法：

①将薏米和大米分别淘洗干净，薏米浸泡 4 小时，大米浸泡 30 分钟；山药洗净，去皮，切成丁。

②把锅烧热，倒入适量清水，放入薏米煮软，再加入山药丁、大米、枸杞子，大火煮至山药熟、米粒熟烂即可。

营养功效：补益气血，调和脾胃，且富含维生素和矿物质，可润肺清热，缓解准妈妈肢体乏力症状。

上汤娃娃菜

原料：娃娃菜 200 克，高汤 200 毫升，枸杞子、盐各适量。

做法：

①娃娃菜洗净，将叶片分开。

②高汤倒入锅中，汤煮开后放入娃娃菜。

③汤再沸时，加适量枸杞子和盐调味即可。

营养功效：清热除燥，利尿通便，含丰富膳食纤维，对准妈妈便秘有一定的缓解作用。

白萝卜炖排骨

原料：白萝卜 300 克，排骨 150 克，葱段、姜片、料酒、盐各适量。

做法：

①白萝卜洗净，切块；排骨放入加了部分姜片、葱段的沸水中，倒入料酒，焯 2 分钟，捞出。

②另起一锅，锅中加清水，放入剩余葱段、姜片，放入排骨，大火煮开，改小火炖 1 小时。

③放入白萝卜块，焖炖至排骨熟烂，加盐调味即可。

营养功效：可增强机体免疫力，促进消化，并且可以给准妈妈补充丰富的蛋白质。

红豆莲子魔芋羹

原料：红豆、莲子各 20 克，魔芋 30 克。

做法：

①红豆、莲子浸泡 30 分钟；魔芋洗净，切成块。

②将所有食材放入料理机打碎，加清水煮开即可。

营养功效：魔芋中所含膳食纤维有助于排出体内多余的脂肪，适合控制体重的准妈妈食用。

小米红枣粥

原料：小米 50 克，红枣、红豆各 20 克。

做法：

①红豆洗净，用清水浸泡 4 小时；小米淘洗干净；红枣洗净。

②把锅烧热，倒入适量清水烧开，加红豆煮至半熟；再放入洗净的小米、红枣，煮至烂熟成粥即可。

营养功效：含有多种维生素和微量元素，有助于准妈妈健脾益胃、补铁造血、养血安神。

木耳炒白菜

原料：木耳 10 克，白菜 200 克，盐、葱花、油各适量。

做法：

①木耳泡发，洗净，撕成小朵；白菜洗净，切片。

②锅中放入油烧热后，放入葱花爆香，倒入白菜片煸炒至六分熟。

③放入木耳继续翻炒至熟，加盐炒拌均匀即可。

营养功效：可预防准妈妈缺铁性贫血，还可刺激胃肠蠕动，润肠通便。

黄豆花生浆

原料：黄豆 30 克，花生 20 克。

做法：

①将黄豆、花生洗净，用清水浸泡 4 小时。

②将黄豆、花生放入料理机中，加适量清水。

③选择“豆浆”程序，搅打成浆即可。

营养功效：排毒养颜，滋养补益，可使准妈妈皮肤由内而外变得红润。

豌豆鸡米饭

原料：豌豆 20 克，鸡胸肉 80 克，糯米 50 克，盐、油各适量。

做法：

①豌豆洗净，焯熟沥干；鸡胸肉煮熟，切块。

②热锅烧油，放豌豆和鸡块炒熟。

③糯米浸泡 40 分钟后加清水，倒入炒好的豌豆和鸡块中，煮成米饭，出锅拌匀，用盐调味即可。

营养功效：提供脂肪酸和维生素，有清肠的作用，可缓解准妈妈便秘症状。

燕麦大米粥

原料：燕麦、大米各 50 克。

做法：

①燕麦、大米淘洗干净，用清水浸泡 30 分钟。

②锅中放入燕麦、大米，加清水煮沸，转小火继续煮熟即可。

营养功效：增强饱腹感，促进准妈妈肠道蠕动缓解便秘症状，同时燕麦还有预防妊娠糖尿病的作用。

干贝炒白菜

原料：白菜 200 克，干贝、葱丝、姜丝、盐、油各适量。

做法：

①白菜洗净，切块；干贝洗净，泡发。

②锅内放入油烧热后，倒入干贝、姜丝翻炒均匀。

③放入白菜块继续翻炒，出锅前加葱丝、盐调味即可。

营养功效：可以润肠通便，补充多种微量元素，预防准妈妈便秘。

花生红豆汤

原料：红豆、红衣花生各 50 克。

做法：

①红豆、红衣花生分别洗净。

②将红豆、红衣花生加清水，大火烧开后改小火熬煮 30 分钟即可。

营养功效：提高准妈妈免疫力，促进血液循环，从而有效预防妊娠高血压。

糙米饭

原料：糙米 20 克，大米 50 克。

做法：

①糙米洗净，提前用清水浸泡 1 小时；大米洗净。

②糙米连同泡米水倒入锅中，加入大米，蒸熟即可。

营养功效：富含多种维生素，有助于准妈妈通便利尿，增脂不长肉。

紫薯薏米粥

原料：薏米 20 克，紫薯 40 克，大米 50 克。

做法：

①将大米和薏米淘洗干净，加清水煮成粥。

②将紫薯去皮，洗净切块后蒸熟。

③粥沸腾之后，将紫薯块加入锅内搅拌均匀即可。

营养功效：维生素含量丰富，可促进新陈代谢，缓解便秘，有助于体重增长过快的准妈妈控制体重。

菠菜炒鸡蛋

原料：菠菜 200 克，鸡蛋 2 个，盐、油各适量。

做法：

①鸡蛋打散为蛋液；菠菜洗净，略焯，切段。

②油锅烧热，倒入鸡蛋液，快速翻炒成块。

③将菠菜段放入，一起翻炒均匀，出锅前加盐调味即可。

营养功效：不仅能缓解记忆力衰退，还能促进准妈妈肠道蠕动，利于排便，预防痔疮。

薏米牛奶

原料：牛奶 250 毫升，薏米 50 克。

做法：

①薏米提前泡 1 晚上。

②泡好的薏米，放入料理机，加适量清水，打成薏米浆。

③将薏米浆倒入锅中，加入牛奶煮沸即可。

营养功效：利水祛湿，美白抗老，帮助准妈妈补充钙质和维生素 E。

黄豆猪蹄汤

原料：新鲜猪蹄 1 个，黄豆 50 克，葱、姜、盐各适量。

做法：

①猪蹄处理干净，剁块；黄豆洗净，泡好；葱切末；姜切片。

②锅内倒入清水，将猪蹄块、黄豆、葱末、姜片放入，大火煮沸，转小火炖煮 1 小时。

③最后加入盐调味即可。

营养功效：黄豆中含有丰富的植物蛋白，而猪蹄中含有大量的动物蛋白，二者搭配滋补效果更好，可帮助疲劳的准妈妈快速恢复体力。

孕6月

准妈妈的体形会显得更加臃肿，到本月末将会变成大腹便便的标准孕妇模样。此时，准妈妈和胎宝宝的营养需要更加均衡、科学，同时要注意控制体重，防止增长过快。

来自营养师的提示

孕 6 月，正是胎宝宝各个器官的快速发育期，准妈妈注意寒凉、燥热、辛辣的食物不要食用，还需要适当补钙，多吃新鲜蔬菜、水果等。

准妈妈应均衡摄取各种营养，以维持自身和胎宝宝的健康，尤其要增加铁、钙、蛋白质的供给，但是摄入盐分要节制。这段时间还应注意不要摄入过多高糖食品，注意能量平衡，否则容易引发妊娠糖尿病。

这个阶段的准妈妈应尽量避免挑食、偏食，以防矿物质及微量元素的缺乏。在日常饮食中要做到荤素搭配、营养合理。与此同时，减少高脂肪食物的摄入量，控制体重过快增长；把好食物质量及烹调关，最好少吃或不吃生鱼片等生食。

多吃富含膳食纤维的食物

膳食纤维是健康饮食不可缺少的组成部分，在保持消化系统健康上扮演着重要的角色。在饮食中摄取足够的膳食纤维，可以预防心血管疾病、糖尿病等。

1 膳食纤维比重小，体积大，在胃肠中占据空间较大，使人有饱食感，有利于准妈妈保持身材。

2 膳食纤维体积大，进食后可刺激胃肠道蠕动，起到一定的降脂、降糖、降压作用。

3 能降低肠内 pH 值，调节肠内菌群，抑制有害细菌生长，促进益生菌生长，改善便秘等肠胃不适症状。

普通食材的营养力量

海鲜是矿物质和微量元素的宝库，特别是海带中富含碘元素，海虾、海鱼含钙量丰富，是禽畜肉的几倍甚至几十倍，经常食用对准妈妈的健康、胎宝宝的发育非常有益。

虾皮

虾皮中含有丰富的镁元素，对心脏活动具有重要的调节作用，能很好地保护心血管系统，减少血液中的胆固醇含量，预防妊娠高血压。虾皮中还含有丰富的蛋白质和矿物质，尤其钙的含量极为丰富，有“钙库”之称，是准妈妈补钙的良好途径。

鳕鱼

鳕鱼是一种深海鱼，富含蛋白质、维生素A、维生素D、钙、镁、硒等营养物质。准妈妈常吃鳕鱼，不仅可以补益气血、缓解便秘，还对胎宝宝的智力发育有帮助。同时，它能缓解紧张情绪，改善低落情绪，对焦虑、失眠、沮丧等不良情绪有较好的调节作用。

海参

海参中含有丰富的铁及胶原蛋白，具有显著的生血、养血、补血作用，特别适用于准妈妈。海参中还含有丰富的脂肪酸EPA和DHA，不仅可以提高免疫力，还能促进胎宝宝神经系统发育。此外，海参中富含的碘也有助于胎宝宝的智力发育。

蛤蜊

蛤蜊中含有大量的蛋白质、甲壳素和钙离子，适量吃蛤蜊，可以为准妈妈有效补充营养，尤其是钙、铁、碘等矿物质，保证腹中的胎宝宝骨骼健康发育，预防新生儿佝偻病。蛤蜊所含蛋白质也非常易于吸收，可以与蛋奶类完美搭配，为准妈妈提供优质蛋白。

4

经常食用膳食纤维，可预防乳腺癌和结直肠癌，还能平衡体内雌性激素。

5

日常生活中食用的新鲜蔬果和藻类食物中都含有丰富的膳食纤维，准妈妈可以适量摄取。

6

膳食纤维摄入过多会影响铁、锌、优质蛋白质等的消化吸收，应避免过量摄取。

粗粮和绿叶蔬菜中都含有丰富的膳食纤维。

孕期饮食之道

适量喝粥，缓解肠胃不适

孕中期胎宝宝迅速增大，受胎宝宝的压迫，准妈妈肠胃往往会觉得有点不舒服，此时多喝点软糯易消化的粥，养胃又润肠。煮粥需要小火慢煮，粥里的营养物质大部分都会析出，特别适合肠胃不适的准妈妈食用。不过，准妈妈不能只喝大米粥，最好将大米和小米、绿豆、薏米、玉米这些杂粮一起煮，还可以做成各式蔬菜粥、水果粥、肉粥等。

野菜提升食欲

大多数野菜富含植物蛋白、维生素、膳食纤维及多种矿物质，营养价值高。准妈妈适当吃野菜，可缓解便秘，还可预防妊娠糖尿病等。马兰头可清热利尿、消肿止痛；小根葱可健胃祛痰；荠菜可凉血止血、补脑明目，缓解水肿。准妈妈应根据自身身体状况适量食用。

避免食用熏制食品

食品在熏制过程中，会产生多环芳烃类化合物，附着在食品上。这种芳烃类化合物中有一种苯并芘，是一种化学致癌物，已证实与胃癌发病有关。研究显示，苯并芘在烟熏食品中的含量是新鲜食品中的 60 倍。在家庭烹调时，抽油烟机回收油中苯并芘含量明显升高；肉类食品加热烧焦时，也能产生苯并芘，所以准妈妈尽量少吃熏制食物，以及烧烤等高温烧焦食物。

粗粮也不能放开吃

很多人认为粗粮能补充 B 族维生素，让准妈妈营养摄入更全面，而且其膳食纤维含量高、能量又低，能预防便秘，防止体重过快增长，可以不限量放开吃。其实，粗粮吃多了会影响其他食物的摄入。所以，粗粮虽好也不能多吃，每天宜吃 50~100 克。玉米、燕麦、荞麦、红豆、绿豆等都是很健康的粗粮，在烹制主食时适量加入，不仅可以丰富口感，还能使营养更均衡、全面。

一周食谱推荐

星期	早餐	午餐	晚餐	加餐
一	包子、鸡蛋、素炒小白菜	腐竹烧带鱼、番茄牛腩汤、米饭	牛肉胡萝卜丝、葱香馄饨、香菇油菜	酸奶、南瓜子
二	瘦肉粥、鸡蛋米饼、凉拌豆芽、苹果	蒜蓉蒸金针菇、酸汤肥牛、米饭	板栗黄焖鸡、葱油拌面、素炒丝瓜	蒸红薯、草莓
三	鸡蛋玉米羹、烧饼、番茄黄瓜汁	时蔬小炒、肉末茄子、麻酱花卷	木耳烩豆腐、豆角排骨焖饭、上汤娃娃菜	牛奶花生酪、香蕉
四	黄瓜牛奶粥、牛肉馅饼、凉拌萝卜丝	麻油炒猪肝、番茄鸡蛋面、炒青菜	鲤鱼冬瓜汤、糊塌子、素炒油麦菜	猕猴桃、腰果
五	猪肝菠菜粥、蒸饺、鸡蛋	红豆饭、红烧排骨、青菜豆腐、花蛤汤	苦瓜炖牛腩、白灼秋葵、鸡蛋饼	芝麻糊、梨
六	黑豆豆浆、烧饼、大拌菜	木瓜银耳鲫鱼汤、番茄炒鸡蛋、米饭	山药汤、糖醋鱼、小米饭、蒜蓉西蓝花	草莓、开心果
日	火腿芝士面包、核桃牛奶、鸡蛋	凉拌笋丝、生蚝丝瓜汤、肉酿豆腐、米饭	西蓝花炒肉丁、肉丝面	樱桃、芝麻饼干

枸杞子粥

原料：小米 50 克，枸杞子、红枣各适量。

做法：

①枸杞子、红枣、小米分别洗净。

②锅内加清水煮开，放入小米煮至黏稠。

③放入枸杞子、红枣，再继续煮 10 分钟即可。

营养功效：促进血液循环，缓解疲劳，防止动脉硬化，增强准妈妈身体抵抗力。

清炒扁豆丝

原料：扁豆 200 克，葱花、盐、油各适量。

做法：

①扁豆洗净，切丝，放入沸水中焯烫 2 分钟，捞出沥干。

②油锅烧热，下入葱花炒香，倒入扁豆丝翻炒至熟烂，出锅前加适量盐调味。

营养功效：健脾和胃，补充 B 族维生素，有助于准妈妈排毒养颜，润肠通便。

丝瓜鲫鱼汤

原料：鲫鱼 1 条，丝瓜 1 根，葱末、姜丝、料酒、盐各适量。

做法：

①鲫鱼收拾干净，撒上适量葱末、姜丝，淋入料酒腌制 20 分钟。

②丝瓜洗净，去皮，切片。

③锅内放鲫鱼，剩余葱末、姜丝，加清水大火煮沸，转小火煮 20 分钟。再下入丝瓜片，煮至丝瓜片熟透，加盐调味即可。

营养功效：补气消肿，降火润燥，且热量较低，能帮助准妈妈有效控制体重。

柚子汁

原料：柚子 400 克，蜂蜜适量。

做法：

①柚子皮和果肉分离，将柚子果肉放入料理机中。

②倒入适量的清水、蜂蜜，启动料理机榨汁。

③过滤后即可饮用。

营养功效：柚子中含有的维生素 P，能快速修复皮肤组织，含有的维生素 C 可抗氧化，让准妈妈皮肤白皙。

木瓜银耳

原料：木瓜 200 克，银耳 10 克，冰糖适量。

做法：

①将银耳用温水浸透泡发，洗净撕成小朵；木瓜削皮去子，切成小块。

②银耳、木瓜块、冰糖一起放入锅里，加适量清水煮开，然后转小火炖煮 30 分钟，即可食用。

营养功效：有排毒养颜，润肠通便的作用，还可以帮助准妈妈增强活力。

清蒸黄花鱼

原料：黄花鱼 1 条，姜片、葱丝、油各适量。

做法：

①将黄花鱼洗净，两边改花刀后放入大盘中，放上姜片和葱丝。

②将蒸锅置于火上，放入鱼盘大火蒸 10 分钟。

③将盘子从锅中取出，锅中放油烧热，将热油淋在鱼身上。

营养功效：富含优质蛋白质和多种矿物质，脂肪含量低，帮助准妈妈健脾养胃。

当归鸡汤

原料：母鸡 1 只，当归 10 克，葱、姜、盐、料酒、枸杞子各适量。

做法：

①母鸡收拾好，洗净；当归洗净；葱切段；姜切片。

②将当归、姜片、葱段装入鸡腹内。

③锅内放清水，把整只鸡放入，撒上枸杞子，调入料酒，大火煮沸转小火炖至鸡肉软烂，加盐调味即可。

营养功效：可改善气虚血淤，提高机体免疫力和抗病能力，滋补准妈妈身体。

香菇油菜

原料：油菜 100 克，香菇 5 朵，盐、油各适量。

做法：

①油菜洗净，下沸水锅中焯透。

②香菇泡发后切成小块。

③锅内放入油烧热，将香菇块、油菜放入煸炒，调入盐，收汁即可。

营养功效：香菇和油菜二者都富含维生素和微量元素，能促进肠胃蠕动，加速营养吸收。

蛋黄紫菜饼

原料：紫菜 30 克，蛋黄 2 个，面粉 50 克，黑芝麻、盐、油各适量。

做法：

①紫菜洗净，切碎，与蛋黄、面粉、黑芝麻、盐一起搅拌均匀。

②油锅烧热，将紫菜蛋黄液倒入锅中，用小火煎成两面金黄。

③出锅后晾凉，切成块即可。

营养功效：蛋黄中含有丰富的卵磷脂、钙、铁，有助于准妈妈补铁、补钙。

虾皮炒西葫芦

原料：西葫芦 1 个，虾皮 30 克，葱花、油各适量。

做法：

①西葫芦洗净，切片。

②锅中倒油，油热后放入西葫芦片翻炒至八分熟。

③再下入虾皮翻炒，炒至西葫芦软烂即可。

营养功效：健脾开胃，强壮骨骼，在补充钙质的同时，增强维生素的吸收。

橙子蒸蛋

原料：鸡蛋 1 个，橙子 1 个。

做法：

①橙子切开两半，用小勺慢慢挖出里面的果肉。

②鸡蛋打散，将果肉倒入蛋液里。

③将搅拌好的蛋液倒入碗中，盖上保鲜膜，戳几个小洞，水滚后放到蒸盘上，用小火蒸 10 分钟即可。

营养功效：能够有效提高准妈妈的身体抵抗力，促进排便，健脑抗衰，养血驻颜。

胡萝卜玉米汤

原料：胡萝卜 200 克，玉米 1 根，鸡汤、盐各适量。

做法：

①玉米切段；胡萝卜切大块。

②锅中放入鸡汤，将胡萝卜块、玉米段放入，大火将汤煮沸。

③转小火煮至玉米、胡萝卜熟烂，加盐调味即可。

营养功效：富含维生素 A，有益于胎宝宝视觉系统发育；调节神经系统功能，促进准妈妈新陈代谢，抗氧化、抗衰老，清肺明目。

黑豆豆浆

原料：黑豆 50 克。

做法：

①黑豆洗净，浸泡 4 小时。

②将黑豆加适量清水放入料理机中，启动“豆浆”程序，搅打成浆即可。

营养功效：预防便秘，增强活力，对缓解准妈妈体虚乏力有一定的效果。

小米南瓜饭

原料：小米 50 克，南瓜 100 克。

做法：

①小米洗净；南瓜去皮、瓤，洗净，切小块。

②锅里放清水煮开，放入小米和南瓜块。

③大火煮开，然后转小火焖煮，煮至小米熟烂即可。

营养功效：保护胃黏膜，帮助消化，可清除准妈妈肠道废物，起到润肠排毒的作用。

芝麻拌菠菜

原料： 菠菜200克，白芝麻20克，盐、香油、醋各适量。

做法：

①菠菜洗净，切段，焯烫一下，捞出沥干。

②菠菜段放入碗中，加入适量盐和醋，撒上白芝麻，淋上香油，拌匀即可。

营养功效： 爽口开胃，可以帮助准妈妈提升食欲，并可补充钙和铁。

牛蒡排骨汤

原料： 排骨250克，牛蒡50克，白萝卜100克，葱花、盐各适量。

做法：

①排骨洗净，切块，焯烫一下，捞出沥干；牛蒡去皮，洗净，切块；白萝卜去皮，洗净，切块。

②锅中加清水，放入排骨块，大火煮开，转小火继续煮1小时。将牛蒡块、白萝卜块倒入锅中，继续煮30分钟，加适量盐调味，撒上葱花即可。

营养功效： 可以增强体力，改善准妈妈气虚乏力的症状。

孕7月

胎宝宝大脑正在发育，代谢活动也逐渐增强，准妈妈的食欲增加，需要大量的热量和蛋白质。为了满足这个时期的营养需求，准妈妈应在孕中期的饮食基础上，多增加一些豆类蛋白质。

来自营养师的提示

孕 7 月，胎宝宝的生长速度依然较快，准妈妈要多为腹中的胎宝宝补充营养。在保证营养供给的前提下，坚持低糖、低盐、低脂饮食，以免出现妊娠糖尿病、妊娠高血压、下肢水肿等现象。

在孕期，准妈妈每天应该适当增加粗粮的摄入量，为胎宝宝提供更多的营养。富含膳食纤维的粗粮中，B 族维生素的含量很高，而且可以预防便秘，如全麦面包及其他全麦食品、薏米、燕麦、玉米等，都可以多吃一些。

准妈妈要注意维生素、铁、钙、钠、镁、铜、锌、硒等营养素的摄入，进食足量的蔬菜、水果，少吃或不吃难消化或易胀气的食物，如油炸的糯米糕、白薯、洋葱等，以免引起腹胀，使血液回流不畅，加重水肿；应多吃冬瓜、萝卜等可以利尿、消水肿的蔬菜。

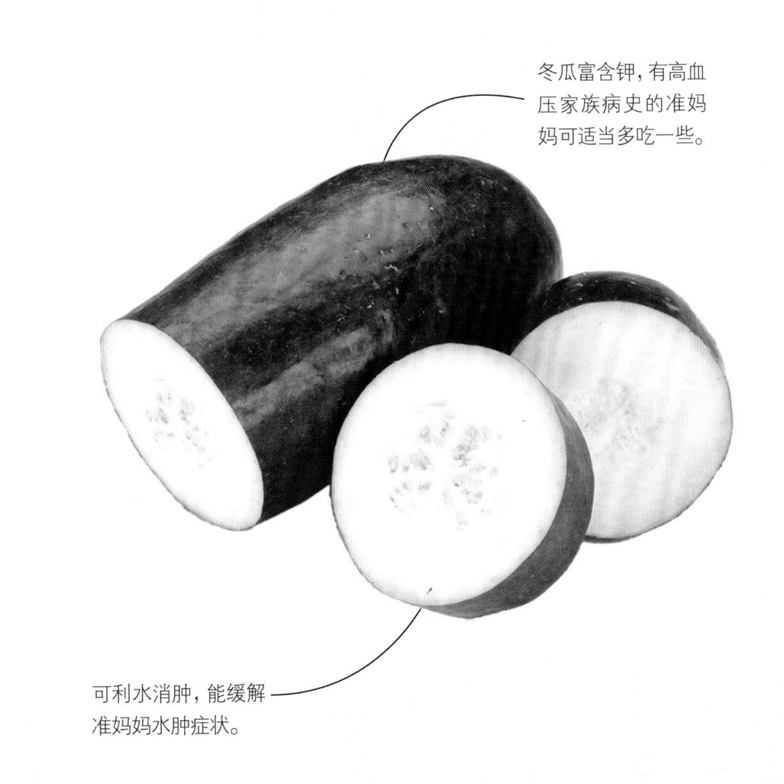

多吃富含维生素 B_{12} 的食物

维生素 B_{12} 是水溶性维生素，它是唯一含有必需矿物质的维生素，有助于红细胞的形成，可以促进机体的新陈代谢，促进血红蛋白的产生，对预防贫血、缓解肌肉和关节疼痛都有一定作用。

1. 维生素 B_{12} 能够活化氨基酸、促进核酸的生物合成，对各种蛋白质的合成有重要作用，有助于胎宝宝生长发育。
2. 维生素 B_{12} 对保护脊髓和胃肠黏膜、促进红细胞的再生与形成，以及肝脏造血有相当大的影响。
3. 缺乏维生素 B_{12}，会引起消化不良、头晕呕吐、眼睛和皮肤发黄。严重时，会出现精神抑郁、肝功能障碍。

普通食材的营养力量

谷类中含有维生素 E 和 B 族维生素。多种谷类食物搭配食用，可以通过互补作用，使食物氨基酸的种类和数量更接近人体的生理需要。

玉米

玉米中富含蛋白质，其中特有的胶质占 30%，球蛋白质和白蛋白占 20%~30%。甜玉米的天冬氨酸和谷氨酸含量很高，这些营养物质能促进胎宝宝的大脑发育。玉米富含维生素，能防止细胞氧化、延缓衰老，对准妈妈的健康也非常有益。

糙米

糙米中含有蛋白质、脂肪、锌、维生素 E，以及钙、铁，这些营养素都是准妈妈每天需要摄取的。提高日常饮食质量，并不意味着只吃精制的细粮而忽略粗粮，粗粮同样富含营养素，具有很好的食疗作用。

燕麦

燕麦中含有丰富的膳食纤维和 B 族维生素，而且烹制方法简单方便，是大多数准妈妈摄入粗粮时的上好选择。燕麦中蛋白质含量较高，具有非常好的保健功效。每天一碗燕麦片粥，不仅可以满足准妈妈粗粮摄入，还可以促进胎宝宝的大脑神经发育。

小米

小米中含有丰富的蛋白质、脂肪、维生素和矿物质，而且其中的氨基酸非常易于人体吸收。准妈妈脾胃不调，可适当在主食中加入小米，或者晚餐吃小米粥，有助于调节脾胃。小米虽然营养丰富，但缺少一些必需氨基酸，所以与豆类、大米等搭配食用，营养更全面，更适合准妈妈。

4

维生素 B_{12} 主要存在于肉类中，动物内脏和肉、蛋、鱼都是其来源，豆制品中也含有一定量的维生素 B_{12}。

5

准妈妈每日维生素 B_{12} 摄入量应为 2.2 微克，叶酸、钙与维生素 B_{12} 一起服用，吸收效果佳。

6

过量补充维生素 B_{12} 会造成软组织钙化，出生之后的胎宝宝会出现血压高以及智力发育迟缓现象。

动物内脏不宜多吃，每周吃一次即可。

孕期饮食之道

对抗腹胀的饮食

腹胀、胀气是准妈妈常见的不适症状，常伴随食欲不佳、便秘、失眠、作息不调等孕期烦恼。腹胀比较好的解决办法是多吃富含膳食纤维的食物，如蔬菜中的茭白、芹菜、丝瓜、莲藕、萝卜等，水果中则以苹果、香蕉、猕猴桃等含膳食纤维较多。另外，用餐时不要太着急、饭后多散步等都可以促进肠胃蠕动，缓解腹胀。

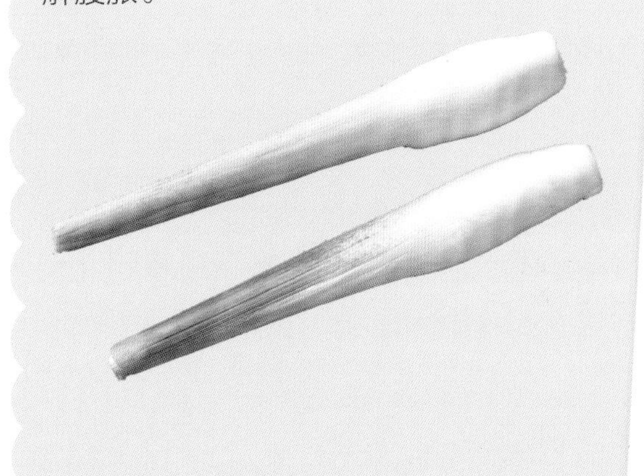

注意饮食的酸碱平衡

孕中、晚期，准妈妈的饮食不仅要保证营养的多样化和合理性，还要保持食物的酸碱平衡。肉类、鱼类、蛋类、虾贝类等食物属于酸性食物，蔬菜和大部分水果属于碱性食物，所以准妈妈既要保证肉类的摄入量，也要适当地食用蔬菜、水果，以达到身体的酸碱平衡。长期单一的饮食结构，可能引发体内酸碱不平衡，对自身和胎宝宝都不利。

油炸食物对身体不利

油炸食物一般都是在高温下制作的，脂肪渐渐被氧化，食用油经反复加热，可能变质，并含有有毒物质。怀孕期间常食用油炸食品的准妈妈，患妊娠糖尿病的风险较高。同时，油炸肉类中的核糖与大多数氨基酸在加工时，会产生某种致基因突变物质，在胎宝宝器官系统分化的关键时期，这些物质可能会对胎宝宝发育造成影响。

不要只吃菜，不吃饭

许多人认为菜比饭更有营养，准妈妈应该多吃菜，这种观点是极其错误的。饭通常指米、面等主食，是能量的主要来源，孕中、晚期的准妈妈每天应摄入 250~500 克的米、面及其制品。准妈妈和胎宝宝脑细胞的代谢和胎盘运作也都要靠消耗血糖来获取能量。如果主食吃得过少，准妈妈易发生低血糖，产生对神经系统有害的酮体，对胎宝宝发育不利。

一周食谱推荐

星期	早餐	午餐	晚餐	加餐
一	粥、酱肉包、煎蛋、凉拌马兰头	小米南瓜饭、回锅肉、素炒茼蒿、紫菜蛋花汤	炒苋菜、蟹黄豆腐、米饭	蒸红薯、面包
二	小米粥、烧卖、鸡蛋、生菜沙拉	芝麻拌菠菜、西葫芦炒肉片、土豆腊肠焖饭	蛋黄紫菜饼、番茄炖牛腩、小米粥、蚝油生菜	蓝莓酸奶、南瓜子
三	豆浆、煎馒头片、鸡蛋、凉拌黄瓜	豌豆鸡米饭、番茄鸡蛋汤、芹菜虾仁、炒白菜	虾皮炒西葫芦、胡萝卜玉米汤、米饭、茭白肉片	橙子蒸蛋、华夫饼
四	紫薯薏米粥、麻酱花卷、鸡蛋、苹果	香菇油菜、红烧排骨、牛肉炒饭、冬瓜虾皮汤	清炒扁豆丝、鸡丝荞麦面、青菜肉丝汤	柚子汁、腰果
五	草莓燕麦牛奶糊、煎蛋、香蕉	菠菜炒鸡蛋、清蒸黄花鱼、羊肉手抓饭、丝瓜汤	牛蒡排骨汤、菠菜水饺、凉拌豆芽	核桃仁、苹果
六	薏米牛奶粥、煎蛋、凉拌番茄	海带猪蹄汤、糙米饭、红烧肉、青椒炒茄条	干贝炒白菜、黄豆焖猪蹄、馒头	牛奶、葡萄
日	花生红豆豆浆、胡萝卜南瓜煎饼、鸡蛋	扁豆焖面、芝麻拌菠菜、丝瓜虾仁汤	馄饨、酸辣土豆丝、芹菜炒肉片	奶香紫薯饼、苹果

猪肝菠菜粥

原料：猪肝 50 克，大米 30 克，菠菜、胡萝卜、盐各适量。

做法：

①大米洗净，加清水，煮成粥。

②猪肝洗净，放沸水中焯七分熟，切丁；菠菜、胡萝卜切碎。

③先将猪肝丁放入粥中煮 20 分钟，出锅前再放入胡萝卜碎和菠菜碎，加盐调味即可。

营养功效：补铁补血，敛阴润燥，通肠胃，有助于消化。

鲜榨橙汁

原料：橙子 2 个。

做法：

① 1 个橙子洗净切块，去除果皮，倒入料理机内，加入适量凉白开或温水，打成果汁。

②另外 1 个橙子用小勺取出果肉，备用。

③将打好的果汁倒入杯内，再将果肉放入即可。

营养功效：补充维生素、矿物质，有助于增强准妈妈免疫力；含有丰富的果糖，有助于准妈妈舒解低落的情绪。

糖醋小排

原料：排骨 300 克，蒜片、料酒、白砂糖、盐、醋、油各适量。

做法：

①排骨洗净，切成块，放入热水锅中焯 5 分钟，去除血水。

②起锅热油，放入白砂糖炒出糖色，倒入排骨块翻炒，放入蒜片、料酒、醋。

③加清水煮至排骨软硬适中，收汁，调入盐即可。

营养功效：含骨胶原、蛋白质、磷酸钙，能改善准妈妈缺铁性贫血。

冬瓜白菜汤

原料：白菜 100 克，冬瓜 50 克，盐适量。

做法：

①白菜洗净，切段；冬瓜去皮、瓤，切块。

②锅中放入清水，加入冬瓜块、白菜段，大火煮开后，加盐调味即可。

营养功效：含丰富维生素，可以缓解准妈妈因消化不良引起的食欲不振。

鲜虾粥

原料：虾 100 克，大米 50 克，盐、葱花、姜片、料酒、胡椒各适量。

做法：

①大米淘洗干净，加清水和姜片，熬至米粒开花。

②虾去掉虾线，用盐、胡椒、料酒腌制。

③等粥熬好后，把火调大，把腌过的虾放进粥里，放盐，等虾变红熟透后，加入葱花即可。

营养功效：和胃气、补脾虚、和五脏，优质蛋白与优质碳水化合物搭配，令准妈妈摄入营养更加均衡。

鸭腿汤

原料：鸭腿 1 个，葱花、姜片、红枣、油、盐各适量。

做法：

①鸭腿洗净，在热水锅中焯烫 2 分钟。

②锅中放少许油，放入鸭腿略煎一下，然后放入葱花、姜片、红枣。

③锅中加入清水，大火炖 40 分钟，出锅前加盐调味即可。

营养功效：富含优质蛋白质，食肉饮汤，有降火润燥的作用，非常适合体重增长过快的准妈妈。

红豆饭

原料：大米 50 克，红豆 25 克。

做法：

①大米淘洗干净；红豆洗净，浸泡 2 小时。

②大米和浸泡好的红豆倒入电饭锅中，加适量清水，盖上锅盖，按下“蒸饭”键，蒸至电饭锅提示米饭蒸好即可。

营养功效：补血利尿、祛湿、促进消化，还可以缓解准妈妈失眠症状。

南瓜汁

原料：南瓜 250 克，蜂蜜适量。

做法：

①南瓜去皮、切块，下水煮 15 分钟。

②捞出晾凉，加适量清水，放入料理机中打碎。

③打成汁后加入蜂蜜即可饮用。

营养功效：可保护肠胃、护肝明目，还可以增强准妈妈的抵抗力。

玉米胡萝卜粥

原料：大米、玉米粒各 30 克，胡萝卜半根，葱花适量。

做法：

①大米、玉米粒洗净；胡萝卜洗净，切碎。

②将大米加适量清水，放入电饭锅中，再将玉米粒和胡萝卜碎放入。

③按“煮粥”键，煮好后撒上葱花即可食用。

营养功效：预防便秘，清肝明目，调节准妈妈身体代谢和增强抵抗力。

香菇炒鸡蛋

原料：香菇 100 克，鸡蛋 2 个，葱丝、盐、油各适量。

做法：

①香菇洗净，切片；鸡蛋打散成蛋液。

②锅中放入油烧热后，把鸡蛋液倒入，快速炒成鸡蛋块，盛出。

③锅中重新倒油烧热，放葱丝煸香，放入香菇片煸炒片刻，倒入炒好的鸡蛋翻炒，加盐即可出锅。

营养功效：香菇富含微量元素和维生素，鸡蛋富含蛋白质，二者搭配有助于提高准妈妈机体免疫力。

黄芪芝麻糊

原料：大米 30 克，熟黑芝麻 20 克，黄芪 5 克。

做法：

①将黄芪煎取汁液，去渣。

②大米洗净，浸泡 2 小时。

③将大米、黑芝麻、黄芪汁放入料理机中，打成米糊即可。

营养功效：可补铁补血、润肠通便，对缓解准妈妈缺铁性贫血、排便无力、预防便秘有一定的作用。

银耳梨汤

原料：雪梨 1 个，银耳、枸杞子、冰糖各适量。

做法：

①银耳冷水泡发；雪梨洗净，切块。

②锅内烧开水后，将雪梨块倒入锅中，小火炖煮 30 分钟。

③再把泡好的银耳撕成小朵，放入其中，加冰糖、枸杞子炖煮 20 分钟即可。

营养功效：有助于准妈妈益气安神，滋阴养胃，生津润肺，强心健脑。

第28周 牛奶鸡蛋醪糟

原料：牛奶 250 毫升，醪糟 50 克，鸡蛋 1 个，黑芝麻、花生碎各适量。

做法：

①牛奶用大火煮开后，调至小火，加入醪糟，继续煮 5 分钟。

②将鸡蛋打散，牛奶中倒入打散的鸡蛋液，搅拌成蛋花。

③出锅后趁热加入黑芝麻、花生碎即可。

营养功效：促进血液循环，容易消化吸收，同时帮助准妈妈益气补血。

薏米炖海参

原料：薏米 50 克，干海参 1 只，枸杞子适量。

做法：

①海参提前泡发好，薏米泡 2 小时。

②将泡发好的海参和泡好的薏米放入锅中，加足量的清水，炖煮 1 小时。

③将枸杞子放入锅中，再煮 5 分钟即可。

营养功效：含有丰富的蛋白质、胶原蛋白、多种维生素，易于消化吸收，还可以补血、安神，调节准妈妈睡眠。

莴苣炒蛋

原料：莴苣 150 克，鸡蛋 1 个，盐、油各适量。

做法：

①莴苣去皮洗净，切成片；鸡蛋打散。

②锅中倒入油烧热，滑入鸡蛋液，翻炒至熟，盛出。

③锅中再倒少许油烧热，放入莴苣片快速翻炒，加入炒好的鸡蛋翻炒片刻，调入盐即可。

营养功效：莴苣中含有丰富的膳食纤维，有助于缓解大龄准妈妈血压、血糖偏高的症状；鸡蛋中含有丰富的蛋白质和铁，能为胎宝宝发育提供丰富营养。

胡萝卜苹果汁

原料：苹果 100 克，胡萝卜、芹菜梗各 30 克。

做法：

①胡萝卜、芹菜梗洗净，切丁；苹果洗净，去蒂、除核，切丁。

②将胡萝卜丁、苹果丁和芹菜丁放入料理机中，榨汁即可。

营养功效：保护心血管，可缓解准妈妈压力过大造成的不良情绪，还能养颜祛斑。

孕8月

准妈妈的基础代谢率增到最高峰。应尽量补充营养，少食多餐，均衡摄取各种营养素，注意防止体重增长过快。

来自营养师的提示

孕 8 月，准妈妈应尽量补充富含优质蛋白质、矿物质、维生素的食物，还应多吃富含膳食纤维的蔬菜、水果和杂粮，少吃辛辣食物，以减轻便秘症状。孕晚期容易水肿，所以准妈妈要保持低盐饮食，可适当吃一些利尿的食物。

这个阶段，胎宝宝开始在肝脏和皮下储存糖原及脂肪。此时，如果准妈妈碳水化合物摄入不足，将导致体内的蛋白质、脂肪加速分解，造成蛋白质缺乏或酮症酸中毒，因此应保证每天的碳水化合物摄入量。准妈妈还需要摄入一定量的脂肪酸，尤其是丰富的亚油酸。

体重增长过快的准妈妈宜多吃一些富含膳食纤维的蔬菜、海藻类和魔芋制品。当食欲增强时要多吃一些增强体力的食品，以养精蓄锐，为分娩做准备。同时，准妈妈还应注意摄入足够的钙，以保证此阶段胎宝宝快速发育所需。

多吃富含 α－亚麻酸的食物

α-亚麻酸是构成细胞膜和生物酶的基础物质，对人体健康起决定性作用。α-亚麻酸比 DHA 作用更强、更安全，在体内可转化为 DHA、DPA、EPA 等。

1

α－亚麻酸有助于大脑健康和智力提高，是维持大脑和神经机能的必需因子。

2

α－亚麻酸对于准妈妈和胎宝宝都有健脑作用，如果准妈妈缺少 α－亚麻酸，严重时会影响胎宝宝大脑发育。

3

α－亚麻酸可以提高智力和记忆力，保护准妈妈的视力，改善孕期失眠症状。

普通食材的营养力量

薯类属于根茎类食物，主要包括红薯、山药、土豆、芋类等，是饮食中不可缺少的部分。准妈妈孕晚期要保证每天摄入约 50 克薯类。

红薯

红薯富含膳食纤维和钙、铁等矿物质，而且其所含的氨基酸、维生素 A、B 族维生素、维生素 C 都要远远高于那些精制细粮。红薯还富含维生素 E，常吃对保持皮肤细嫩、延缓衰老有较好功效。同时，红薯中含有大量的黏蛋白，有防止疲劳、使人精力充沛的作用。

土豆

土豆是很优质的主食食材，长期替代一部分粮食也不会引起营养缺乏问题，还能供应更丰富的钾、镁和维生素 C。土豆能供给人体大量有特殊保护作用的黏蛋白，能维持消化道、呼吸道以及关节腔、浆膜腔的润滑，预防心血管系统的脂肪沉积，保持血管的弹性。

山药

山药富含多种矿物质、丰富的碳水化合物和蛋白质，有补益气血的功效。准妈妈在食用的时候，要把它归为主食，不仅可以缓解便秘，对于妊娠糖尿病也有一定的缓解作用。

紫薯

紫薯含有丰富的蛋白质、氨基酸、维生素和锌、铁、铜、锰、钙、磷等多种矿物质，具有良好的保健功能，易被人体消化吸收，可以增强准妈妈抵抗力。紫薯还含有丰富的膳食纤维，准妈妈食用可以缓解孕期便秘；同时富含 B 族维生素，可帮助准妈妈保持皮肤弹性。

4

α－亚麻酸是植物油脂，与人体亲和性强，相较于动物脂肪的 DHA，更易于人体吸收。

5

准妈妈每天补充 1600~1800 毫克 α－亚麻酸为宜，核桃油和深海鱼中都含有丰富的 α－亚麻酸。

6

含 α－亚麻酸的食用油应该避光、密封保存，使用时尽量避免高温煎炸。

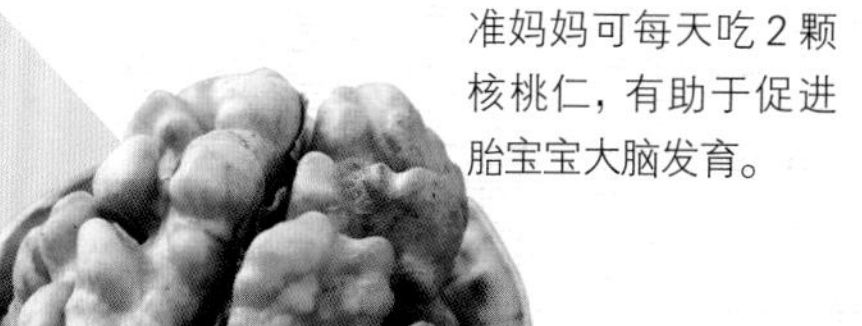

准妈妈可每天吃 2 颗核桃仁，有助于促进胎宝宝大脑发育。

孕期饮食之道

紫色蔬菜更有益

紫色蔬菜中含有一种叫花青素的物质，能预防衰老，缓解肝功能障碍，还有改善视力、缓解眼部疲劳的功效，对于长期使用电脑或者用眼较多的准妈妈来说是滋补的佳品。常见的紫色蔬菜有茄子、紫玉米、紫洋葱、紫扁豆、紫山药、紫甘蓝、紫辣椒、紫胡萝卜、紫秋葵、紫菊苣、紫芦笋等，准妈妈可以适量摄取。

有助于优生的食物

准妈妈可多吃核桃、葵花籽、黑芝麻、花生等，这类食物富含不饱和脂肪酸和锌，可促进胎宝宝大脑的生长发育。此外，为预防准妈妈和新生儿发生贫血，准妈妈在这段时间要多吃富含铁、维生素 B_{12}、叶酸的食物，如动物肝脏、蛋黄、木耳、紫菜、海带、豆制品、青菜等。同时，准妈妈要多摄入牛奶、水果等，可以使新生儿皮肤细腻、白嫩。

不宜多吃罐头食品

准妈妈食用罐头食品过多，会加重自身脏器的解毒排泄负担。如果准妈妈体内长时间留存这些化学物质，可能会通过胎盘进入胎宝宝的血液循环中。由于胎宝宝正处于快速生长发育阶段，身体各组织对化学物质非常敏感，而且准妈妈自身的解毒功能比没有妊娠的时候低，所以这些物质很可能影响胎宝宝的健康发育。

吃水果也不能过量

对准妈妈来说，吃水果能美容养颜、润肠通便，因此很多准妈妈觉得应该多吃水果，且多多益善。其实，吃太多水果会影响其他食物的摄取，打破营养平衡，还会增加准妈妈患糖尿病或肥胖的风险。准妈妈每天水果摄入量以 200~400 克为宜，上午吃 1 次，下午吃 1 次，最好不要超过 400 克。另外，不要在饭前吃水果，以免吃不下正餐，或者影响正餐的消化。

一周食谱推荐

星期	早餐	午餐	晚餐	加餐
一	绿豆粥、小笼包、鸡蛋、芹菜拌花生	丝瓜鲫鱼汤、素炒荷兰豆、紫菜饭团	红烧翅中、猪肝炒菠菜、麻酱花卷、茶树菇鸡汤	牛奶、香蕉
二	燕麦粥、鸡蛋、苹果	红烧牛肉、上汤娃娃菜、鸡蛋饼	土豆烧牛肉、空心菜炒瘦肉、当归鸡汤、米饭	木瓜、核桃仁
三	小米红枣粥、糊塌子、鸡丝娃娃菜	香菇炒豌豆、黑米饭、笋干烧肉、菠菜肉丝汤	鲢鱼丝瓜汤、竹笋炒猪心、米饭、素炒油麦菜	樱桃牛奶、炒花生
四	胡萝卜豆浆、小笼包、鸡蛋、火龙果	菜心杏鲍菇、海苔饭团、番茄豆腐、菌菇汤	黄花菜炒肉、土豆烧鸡块、玉米、白菜粉丝汤	红豆花生汤、草莓
五	黄豆花生浆、面包、鸡蛋、猕猴桃	白萝卜炖排骨、松仁玉米、党参乌鸡汤、米饭	玉米排骨汤、板栗烧牛肉、炒油菜、麻酱花卷	酸奶、苹果
六	薏米山药粥、鸡蛋卷饼、芝麻菠菜	芦笋炒虾仁、排骨饭、菌菇鸡汤、素炒花菜	花生乳鸽汤、扁豆炒肉丝、红豆饭、青椒炒猪肝	梨、腰果
日	花生豆浆、鸡蛋饼、凉拌豆芽	口蘑虾球、番茄鱼片、米饭、蔬菜豆腐汤	茄子煲鱼、鸡蛋火腿寿司、蔬菜汤	椰汁、香蕉

樱桃苹果汁

原料：苹果 200 克，樱桃 100 克。

做法：

①苹果洗净，去核，切成块；樱桃洗净，去核。

②将苹果块和樱桃放入料理机中，加适量温水，榨成汁即可。

营养功效：增强准妈妈造血功能，延缓衰老。

宫保鸡丁

原料：鸡胸肉 150 克，黄瓜 100 克，甜椒、葱段、炒花生、姜末、盐、淀粉、油各适量。

做法：

①甜椒洗净，切块；鸡胸肉洗净，切丁，放姜末、少许盐、淀粉抓匀；黄瓜洗净，切丁。

②热锅烧油，放葱段爆香，放甜椒块翻炒，再放鸡肉丁炒至变色，最后放入黄瓜丁、花生米翻炒均匀，加入少许盐调味即可。

营养功效：帮助准妈妈补充蛋白质和维生素，滋补五脏，强健脾胃。

洋葱炒鸡蛋

原料：洋葱 200 克，鸡蛋 2 个，盐、油各适量。

做法：

①洋葱洗净，切丝；鸡蛋加少许盐打散成蛋液。

②热锅烧油，倒入蛋液炒熟。

③锅中倒入底油，倒入洋葱丝翻炒，2 分钟后倒入鸡蛋翻炒，加盐即可出锅。

营养功效：促进消化，发散风寒，提高准妈妈免疫力，还有杀菌的功效。

梨水

原料：雪梨1个。

做法：

①将雪梨洗净，去皮，去掉梨核，切成滚刀块。

②锅中加入适量清水，烧至快开时，将梨块放入。

③大火煮开后，改为小火熬煮 15 分钟即可。

营养功效：补充维生素和矿物质，有助于准妈妈润肺降燥。

玉米青豆羹

原料：新鲜玉米半根，青豆 20 克，大米 50 克。

做法：

①新鲜玉米洗净，剥下玉米粒；青豆、大米分别洗净。

②锅内加清水，将所有食材放入，大火煮开，转小火熬至黏稠即可。

营养功效：玉米有利尿作用，对减肥有利；青豆富含不饱和脂肪酸和大豆磷脂，二者搭配食用可帮助准妈妈通便排毒。

莲藕排骨汤

原料：排骨 300 克，莲藕 100 克，葱丝、姜丝、盐各适量。

做法：

①排骨洗净，切块；在开水中焯 2 分钟去血沫后，捞出。

②锅中倒入清水，将焯好的排骨块和葱丝、姜丝放入，一起炖煮。

③排骨煮熟以后，将洗净切片的莲藕放入，再炖煮 30 分钟，用盐调味即可。

营养功效：可帮助准妈妈补铁补血，有润肠道、清热解暑、滋补身体的作用。

苦瓜炖牛腩

原料： 牛腩 300 克，苦瓜 200 克，姜片、料酒、白砂糖、盐、油各适量。

做法：

①牛腩洗净，切块，用部分料酒、姜片腌渍 15 分钟；苦瓜洗净，切片。

②热锅放入油，牛腩块下锅，加入料酒、白砂糖，翻炒均匀。

③加清水烧沸，转小火炖 1 小时，加入苦瓜片，再煮 10 分钟，加盐调味即可。

营养功效： 养血滋肝，清热退燥，促进准妈妈新陈代谢，提高机体抗病能力。

番茄鸡蛋面

原料： 番茄 1 个，鸡蛋 1 个，面条 100 克，鹌鹑蛋、葱花、高汤、盐、油各适量。

做法：

①番茄去皮，切块；鸡蛋打散，炒熟；鹌鹑蛋、面条分别煮熟。

②油锅烧热，将番茄块放入翻炒，加入鸡蛋继续翻炒，再加入高汤和盐煮沸。

③将番茄鸡蛋汤浇在煮熟的面条上，加入煮熟的鹌鹑蛋，撒上葱花即可。

营养功效： 缓解准妈妈贫血体弱、头晕乏力的症状。

奶油蘑菇汤

原料：口蘑 100 克，奶油、香菜、面包、盐各适量。

做法：

①口蘑洗净，切丁；香菜切末；面包切丁。

②口蘑丁加适量清水、奶油，倒入料理机中，打成泥状。

③将口蘑泥倒入锅中，大火煮沸改小火煮 3 分钟。

④待汤汁变得浓稠，加面包丁、盐、香菜末调味即可。

营养功效：此汤含有较多的膳食纤维，可预防准妈妈便秘。

蛋奶布丁

原料：鸡蛋 1 个，牛奶 150 毫升。

做法：

①鸡蛋打入碗中，加入适量牛奶搅拌均匀。

②锅内水开后，隔水放入蛋液，中火蒸 8 分钟即可。

营养功效：可滋阴养肝，鸡蛋和牛奶中都含有优质蛋白质，非常好吸收，符合准妈妈此阶段营养需求。

银耳苹果红枣汤

原料： 苹果 200 克，红枣、银耳各适量。

做法：

①银耳泡发，洗净，撕成小朵；红枣洗净，用温水泡 10 分钟；苹果洗净，切块。

②锅内倒清水，放入银耳和红枣，大火煮沸转小火煲 1 小时。

③加入苹果块再煮 20 分钟即可。

营养功效： 富有天然植物胶质和维生素，有滋阴的作用，经常食用可以帮准妈妈润肤、祛斑。

豆芽肉丝炒面

原料： 面条 80 克，鸡肉 100 克，豆芽 50 克，番茄块、盐、油、葱花各适量。

做法：

①将鸡肉洗净，切丝；豆芽洗净。

②锅内倒入清水煮开，下入面条煮熟，捞出。

③锅中倒入油烧热，放入鸡肉丝和豆芽、番茄块翻炒，再放入面条炒均，加盐调味，撒上葱花即可。

营养功效： 富含维生素 C、维生素 E 和蛋白质，能够帮助准妈妈调理脾胃，增强体质。

香菇虾肉饺子

原料：新鲜猪肉馅 150 克，虾仁 50 克，香菇、胡萝卜、饺子皮、盐各适量。

做法：

①胡萝卜、香菇、虾仁洗净切碎，加入猪肉馅，一起搅拌成饺子馅料，再加入适量盐调味。

②用饺子皮包好。

③烧开水，下入饺子，煮熟即可。

营养功效：含有丰富的蛋白质、维生素 A，可以增强准妈妈的免疫力，抗衰老。

糯米藕

原料：莲藕 200 克，糯米、红糖各适量。

做法：

①糯米提前浸泡 2 小时。

②莲藕去皮洗净，从一端切开，把泡好的糯米装满藕孔，再把切掉的藕头盖上，用牙签固定。

③锅中加入清水、红糖，把糯米藕煮熟。

④晾凉切片即可。

营养功效：莲藕中含有丰富的膳食纤维和维生素 C，与健脾益气的糯米搭配，能帮助调理准妈妈的脾胃。

牛肉萝卜汤

原料：牛肉 200 克，白萝卜 150 克，香油、葱段、姜片、盐各适量。

做法：

①白萝卜去皮，洗净，切块。

②牛肉洗净，切块，放入碗内，加入部分盐、葱段、姜片腌制 30 分钟。

③锅内加清水，下萝卜块、牛肉块大火煮沸，转小火煮至牛肉熟烂。出锅前调入适量盐，淋上香油即可。

营养功效：牛肉富含优质蛋白，可补中益气、强筋健骨；白萝卜富含膳食纤维，有助于促进肠胃蠕动，二者搭配可以滋养脾胃，为准妈妈补充体力。

牛肉馅饼

原料：面粉 250 克，白菜、牛肉馅各 200 克，葱、姜、盐、油各适量。

做法：

①白菜洗净，切碎；葱、姜切末。

②将牛肉馅、白菜碎、葱末、姜末加盐搅匀。

③面粉加清水和匀，饧好后切段，擀成饼皮，加牛肉馅包好，擀成馅饼。

④锅内加入油烧热，放入馅饼煎至两面金黄即可。

营养功效：营养开胃，对营养不良的准妈妈有一定的调理功效。

孕9月

继续控制食盐的摄入量，以减轻水肿。此外，由于准妈妈的胃部容纳食物的空间不多，所以不要一次性地大量饮水，以免影响进食。

来自营养师的提示

孕 9 月，应胎宝宝出生前最后发育的需要，这一时期准妈妈的营养应该以丰富的钙、磷、铁、碘、蛋白质、多种维生素为主，少食多餐，清淡营养。孕晚期，便秘和痔疮容易发作，准妈妈在饮食方面可以多选择一些富含膳食纤维的食物。

孕 9 月时，胎宝宝生长速度最快，准妈妈应多吃含蛋白质、矿物质、维生素的食物，如乳类、豆制品、鱼虾、海带、绿叶蔬菜和水果等。但含热量高的食物不宜过多食用，避免体重增加过快。此时，准妈妈体重的增加以 0.4~0.5 千克 / 周为宜。

胎宝宝体内的钙一半以上是在怀孕期最后 2 个月储存的。如果此时钙的摄入量不足，胎宝宝就要动用母体骨骼中的钙，致使准妈妈骨质疏松。准妈妈要特别注意加强最后 3 个月的营养，切忌偏食，并注意膳食内所含的营养素的合理搭配。

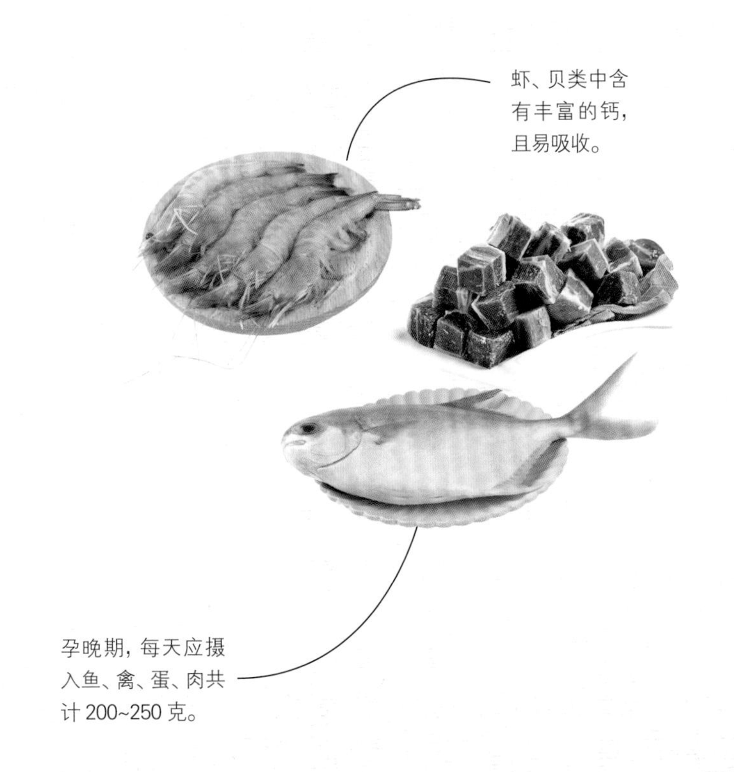

虾、贝类中含有丰富的钙，且易吸收。

孕晚期，每天应摄入鱼、禽、蛋、肉共计 200~250 克。

多吃富含维生素 K 的食物

维生素 K 又叫凝血维生素，具有防止新生婴儿出血疾病、预防内出血及痔疮、减少生理期大量出血、促进血液正常凝固等作用。

1

维生素 K 是一种脂溶性维生素，非常不容易储存在人体内，但可以靠饮食来获得。

2

准妈妈维生素 K 吸收不足，血液中凝血酶减少，易引起凝血障碍，导致生产时大出血。

3

准妈妈不用特意吃维生素 K 补充剂，动物肝脏、蛋黄、大豆油、海藻和蔬菜等食物中都含有维生素 K。

普通食材的营养力量

豆类中含有丰富的蛋白质、脂肪以及矿物质，也是准妈妈饮食中不可缺少的组成部分。由于豆类中所含蛋白质的氨基酸组成模式较好，可以与谷类的蛋白质搭配，起到互补作用，建议准妈妈孕期每天摄入约 50 克豆类。

黑豆

黑豆含有丰富的蛋白质、脂肪、膳食纤维、维生素及卵磷脂等物质，而且非常易于人体吸收，其中所含的大量 B 族维生素和维生素 E，可以抗氧化，调节血压、血脂。黑豆中还含有丰富的微量元素，可满足胎宝宝大脑发育对微量元素的需求。

赤小豆

俗称红小豆，含有丰富的膳食纤维和赖氨酸，能促进肠胃蠕动，调节人体代谢平衡，有促进幼儿生长与发育的作用。人的机体不能自身合成赖氨酸，必须从食物中补充。准妈妈适当食用赤小豆烹制的食品，不仅能增进食欲，还能补充赖氨酸，促进胎宝宝发育。

绿豆

绿豆中含有丰富的蛋白质和一些生物活性成分，具有保护肠胃黏膜以及抗氧化作用。绿豆中所含的鞣质、黄酮类化合物可以与体内的重金属化合物结合成不被肠胃吸收物质，具有一定的解毒排毒功效。此外，绿豆含有丰富的胰蛋白酶抑制剂，可以保护肝脏、肾脏。

黄豆

黄豆比其他豆类含有更丰富的营养物质。黄豆富含优质蛋白质，并且其所含的氨基酸成分均衡。黄豆中的脂肪大部分是饱和脂肪酸，含有较多的卵磷脂，具有保持血管弹性和健脑的作用。

4

维生素 K 可以抑制血管钙化，从而预防心血管疾病。

5

一些与骨质形成有关的蛋白质会受到维生素 K 的调节，因此维生素 K 也可预防孕期骨质疏松的发生。

6

补充维生素 K 一定要适量，过量摄入维生素 K 会增加新生儿溶血性贫血的风险。

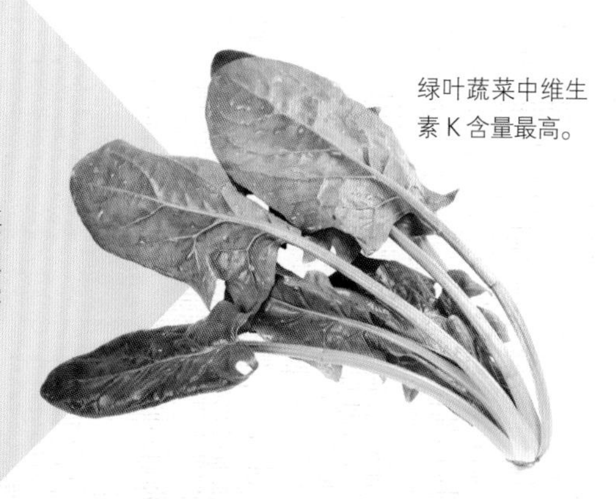

绿叶蔬菜中维生素 K 含量最高。

孕期饮食之道

喝酸奶提升胃口又补钙

牛奶是人体补钙的最佳食物来源，发酵作用能使牛奶中的一部分钙变成离子钙，更易吸收。酸奶中所含的乳蛋白质分解物——活性肽也能促进人体对钙的吸收。因此，酸奶中的钙比牛奶中的更容易被人体吸收，利用率更高。酸奶中的乳酸还能使蛋白质结成微细的凝乳，促进消化吸收，乳酸菌可以帮助准妈妈调节肠道菌群，增强机体抗病能力。

注意四季饮食的调整

性质温热的食材，适用于冬季。怕冷的准妈妈可以在秋冬季节的早晚餐喝一碗温热的粥。春夏时温度升高，生姜和料酒都可稍稍减少；酷暑之际，可不用料酒烹调食物。夏季又是水果蔬菜丰盛的季节，准妈妈可多选一些新鲜的果蔬或带有苦味的食物食用，有降燥去烦的功效。夏季尤其不宜吃过于滋补的食物，以免使内热加重。

汤水滋补要适量

比较适宜的汤是富含蛋白质、维生素、钙、磷、铁、锌等营养素的清汤，如瘦肉汤、蔬菜汤、蛋花汤、鱼汤等，而且要保证汤和肉一块吃，这样才能真正摄取到营养。喝汤时不要放太多的盐，盐过量不仅会加重肾脏负担，还会加重孕期水肿症状。同时，要注意再滋补的汤饮也不适宜天天喝，营养过剩对胎宝宝而言弊大于利。

水肿和喝水多少没有直接关系

有人认为孕期水肿是因为水喝多了，所以就建议水肿的准妈妈少喝点水，这样就不会水肿了。其实，孕期水肿不是喝水多造成的，限水无益于水肿的消除。正确的方法是，正常喝水，限盐，多吃蔬果。减轻水肿可以从饮食下手，首先要控制盐分的摄入。孕期每天食用盐不要超过 6 克，如果水肿严重，要限制在 2 克左右。

一周食谱推荐

星期	早餐	午餐	晚餐	加餐
一	胡萝卜小米粥、鸡蛋、凉拌三丝	菌菇鸡汤、紫菜胡萝卜饭、炒时蔬	孜然牛肉、香菇肉丝面、素炒小白菜	燕麦牛奶、冬枣
二	紫米豆浆、三明治、鸡蛋、苹果	莲子猪骨汤、素炒小白菜、米粉	清蒸虾、红烧茄子、咖喱饭、丝瓜汤	酸奶、南瓜子
三	红豆糯米粥、鸡蛋饼、凉拌黄瓜	清炒口蘑、鸡汤虾丸面、蒜蓉茼蒿	南瓜炖牛腩、蛋炒饭、核桃莲藕汤	牛奶、香蕉
四	燕麦南瓜粥、鸡蛋、香蕉	豌豆炒虾仁、鲜虾鸡丝面、芹菜炒豆干	番茄炒菜花、黄焖鸡米饭、三鲜丸子汤	煮玉米、苹果
五	核桃牛奶、三明治、生菜沙拉	时蔬饭、番茄土豆洋葱汤、炒西蓝花、清蒸鱼	葱香鸡蛋饼、虾皮冬瓜汤、炒茄子	燕窝桃胶、梨
六	银耳百合粥、煎蛋、凉拌藕片	番茄炒面、木樨肉、山药排骨汤、香菇油菜	香菇豆腐、肥牛饭、紫菜蛋花汤	樱桃奶昔、橙子
日	花生豆浆、素包子、草莓、鸡蛋	红烧翅根、凉拌芹菜丝、番茄鸡蛋面	鲜虾菌菇汤、炒土豆片、白灼菜心、小米饭	芒果酸奶、腰果

牛肉粉丝汤

原料：熟牛肉 100 克，泡发木耳 20 克，粉丝、盐、香菜、葱花各适量。

做法：

①粉丝用温水泡好；牛肉切片；香菜洗净，切段。

②锅里放适量清水，烧热后放入牛肉片、木耳、粉丝炖煮 5 分钟。

③将粉丝煮熟，加盐调味，撒上香菜段、葱花即可。

营养功效：牛肉中丰富的蛋白质，可以帮助准妈妈维持肌肉的生长，预防腰腿酸痛。

小米面发糕

原料：小米面 200 克，面粉、红枣各 50 克，鲜酵母适量。

做法：

①红枣洗净，去核，分成小块；鲜酵母加温水和匀。

②面粉内加入小米面、红枣块，倒入酵母水和成面团，静置 20 分钟。

③蒸锅烧水，放入面团，大火蒸 15 分钟即可。

营养功效：具有滋阴养血的功效，可以帮助准妈妈保持活力；对腹泻、呕吐及消化不良的准妈妈也有帮助。

阿胶核桃大米羹

原料：阿胶 20 克，大米 50 克，核桃仁适量。

做法：

①核桃仁去皮捣碎；大米洗净，清水中浸泡 1 小时。

②将阿胶与少量清水放入碗中，隔水蒸化。

③将蒸好的阿胶放入锅内，与大米、核桃仁同煮，煮至大米熟烂即可。

营养功效：可以起到补益气血、补脑健脑、促进代谢的作用，适合身体虚弱的准妈妈食用。

肉末蒸蛋

原料：鸡蛋 1 个，猪里脊肉 50 克，葱花、盐、油各适量。

做法：

①猪里脊肉洗净，切末；鸡蛋打散，加盐调味。

②油锅烧热，下入葱花、肉末炒香。

③鸡蛋液上锅蒸 12 分钟左右。

④将炒熟的肉末淋在蒸好的蛋羹上即可。

营养功效：有养血、补益脏腑的作用，对准妈妈增强体质有一定的帮助。

牛奶椰汁玉米羹

原料：牛奶 150 毫升，椰汁 50 毫升，新鲜玉米半根。

做法：

①鲜玉米剥下玉米粒，放入料理机中，搅打成玉米茸。

②将玉米茸放入锅中煮开。

③再倒入牛奶、椰汁略煮即可。

营养功效：富含优质蛋白质和膳食纤维，既营养可口，又能减轻准妈妈的肠胃负担。

百合炒肉

原料：鲜百合 80 克，猪里脊肉 300 克，葱丝、盐、油各适量。

做法：

①猪里脊肉洗净，切片；鲜百合洗净。

②油锅烧热，放入葱丝、肉片、百合，翻炒至熟，加盐调味即可。

营养功效：猪肉里面含有铁元素，能有效预防准妈妈缺铁性贫血。

番茄鱼片

原料：番茄1个，草鱼肉200克，葱花、姜片、盐、油各适量。

做法：

①草鱼切片，用部分葱花、姜片腌制10分钟；番茄切片。

②油锅烧热，放入葱花、姜片爆香，倒入番茄片炒至软烂，析出汤汁，加清水煮开。

③下入鱼片煮至变色，加适量盐调味即可。

营养功效：对孕期贫血、营养不良、身体虚弱和神经衰弱的准妈妈有一定辅助疗效。

白萝卜蛏子汤

原料：白萝卜50克，蛏子200克，姜片、盐、油各适量。

做法：

①蛏子放入清水中泡2小时，放入沸水中焯烫一下，捞出剥去外壳；白萝卜削皮，洗净，切片。

②锅内放入油烧热，放入姜片爆香，倒入清水，将剥好的蛏子肉、白萝卜片一同放入锅内炖煮。

③出锅前加盐调味即可。

营养功效：含丰富蛋白质、钙、铁、硒、维生素A等营养元素，对准妈妈身体虚损有很大的助益。

山药粥

原料：大米 50 克，山药 30 克。

做法：

①大米洗净，用清水浸泡 30 分钟；山药洗净，削皮后切片。

②锅内加入清水，将山药片放入锅中，加入大米，同煮成粥。

营养功效：可有效调理准妈妈因脾胃不和引起的消化不良。

鸡胸肉沙拉

原料：鸡胸肉 200 克，洋葱 20 克，番茄 50 克，牛油果半个，鸡蛋 1 个，芝士碎、猪肉脯碎、沙拉醋各适量。

做法：

①鸡胸肉、洋葱切碎煎熟；鸡蛋煮熟，切碎；牛油果、番茄洗净，切碎。

②撒上适量芝士碎和猪肉脯碎，用沙拉醋拌匀即可食用。

营养功效：荤素搭配，高蛋白易吸收，爽口益脾胃，富含多种维生素和膳食纤维，能促进准妈妈消化。

黑芝麻拌莴苣

原料： 莴苣200克，熟黑芝麻25克，白砂糖、香油、醋、盐各适量。

做法：

①莴苣去皮，切丝。

②锅中放入适量清水，水开后下莴苣丝，焯熟，捞出沥干。

③焯好的莴苣丝放入碗中，放入熟黑芝麻搅匀。

④放入适量的白砂糖、醋、盐、香油，拌匀即可。

营养功效： 莴苣能增进准妈妈食欲，可利尿消肿、增强抵抗力、预防便秘。

菠菜魔芋虾汤

原料： 虾5个，菠菜100克，魔芋50克，盐、油各适量。

做法：

①虾洗净，去虾线；菠菜、魔芋洗净，切段。

②热锅烧油，放入虾炒至变色。

③加入清水，放入魔芋段，小火煮20分钟，下菠菜段再次煮沸。出锅前加盐调味即可。

营养功效： 富含膳食纤维，有助于控制体重；含有丰富的蛋白质、钙、磷、铁、锌，对准妈妈有补血、调养身体的作用。

红薯粥

原料：红薯 80 克，小米 50 克，熟黑芝麻适量。

做法：

①红薯洗净，切块；小米洗净。

②锅内倒入清水，放入小米和红薯块，大火煮沸，转小火继续煮至粥稠。

③出锅前加入熟黑芝麻即可食用。

营养功效：含有大量的膳食纤维，能够有效刺激肠道蠕动和消化液的分泌，降低准妈妈肠道疾病的发生率，预防便秘。

番茄炒鸡蛋

原料：番茄 1 个，鸡蛋 2 个，白砂糖、盐、葱花、油各适量。

做法：

①番茄洗净，切块；鸡蛋打散成蛋液。

②锅内放入油烧热，将鸡蛋液放入锅中翻炒成块，盛出。

③继续在锅内放入适量油，加入番茄块翻炒至变软，加入炒好的鸡蛋。

④放入白砂糖、盐调味，撒上葱花即可。

营养功效：番茄是富含维生素的健康蔬菜，其中还含有抗氧化成分，能够帮助准妈妈延缓衰老。

白萝卜骨头汤

原料：白萝卜 100 克，排骨 200 克，姜片、香菜末、盐各适量。

做法：

①排骨洗净，焯熟；白萝卜削皮，切块。

②将排骨、白萝卜块、姜片一起放进锅里，加适量清水，大火煮沸，转小火煲 1 个小时。

③出锅前加盐调味，撒上香菜末即可。

营养功效：含有丰富的碳水化合物和多种维生素，可以帮助准妈妈补充能量和水分。

牛奶胡萝卜汁

原料：胡萝卜 200 克，牛奶 250 毫升。

做法：

①胡萝卜去皮、洗净后，切小丁，放入料理机。

②倒入牛奶，开启榨汁模式，榨成汁即可。

营养功效：有助于准妈妈美白皮肤、强壮骨骼和牙齿，对视力也有保护作用。

孕10月

临近分娩，有的准妈妈会因为心理紧张而忽略饮食，有的准妈妈会对分娩过程产生恐惧心理。这时，家人应帮助准妈妈调节心情，做一些准妈妈爱吃的食物，以减轻其心理压力。

来自营养师的提示

到了第 10 个月，准妈妈为了保证生产时的体力，除注意增加营养外，仍要以富含膳食纤维的蔬菜、水果为主，同时保证摄取足量的蛋白质、碳水化合物，以及钠、钾、钙、铁和磷等营养元素。准妈妈每天要保证充足的水分，富含矿物质的汤水也不能少。

因为分娩时会流失大量的血液，准妈妈在产前要多摄取铁元素，铁元素有助于造血及骨骼发育，对准妈妈及胎宝宝有很大好处。绿色蔬菜、动物肝脏、瘦肉、坚果中含有丰富的铁元素，在做饭时可以选择它们作为原料。

准妈妈应坚持少吃多餐的饮食原则。越是接近临产，就越应补充维生素，提高机体免疫力，保证顺利分娩。临产前的这个月，准妈妈要注意少吃以下几种食物：一是寒凉食物，以免引起宫缩提前；二是大补食物，以免影响正常分娩；三是具有收缩子宫功效的食物，如山楂等。

瘦肉中铁含量丰富，贫血的准妈妈宜适当增加摄入量。

孕晚期，准妈妈每天宜摄入瘦肉 100 克左右。

多吃富含硒的食物

硒是人体生命活动所必需的微量元素之一，是人体的抗氧化剂，能提高人体免疫力，具有多种功能。

1

硒可以改善准妈妈便秘症状，有润滑肠道、滋养胃肠的功能，可缓解腹痛、腹胀。

2

硒对神经系统有很好的调节作用，可预防失眠、多梦、健忘等神经系统疾病，改善准妈妈睡眠质量。

3

硒有降低血压、消除水肿和预防蛋白尿的作用，可以预防妊娠高血压综合征。

普通食材的营养力量

菌藻类食物中含有的多糖物质，具有提高机体免疫功能、抗肿瘤、降血脂的作用。准妈妈常吃菌藻类食物，身体能得到更多营养，胎宝宝也能更健康。

香菇

香菇可以补充人体不可缺少的多种维生素，并促进机体新陈代谢，有延缓衰老的作用；香菇还富含多种人体必需氨基酸，可以补充蛋白质，增强人体抵抗力，并有抗癌的作用。同时，香菇中含有丰富的麦角甾醇和菌甾醇，有利于钙的吸收和骨骼生长，可预防佝偻病和贫血症。

海带

海带是一种富含碘的海藻，有防治缺碘性甲状腺肿大的作用。其所含丰富的膳食纤维可预防便秘。海带胶质能促使体内的放射性物质随同大便排出体外，从而减少放射性物质在人体内的积聚，降低放射性疾病的发生概率。

木耳

木耳中铁含量丰富，所以常吃木耳能养血驻颜、滋润肌肤，并可防治缺铁性贫血。木耳中含有大量的膳食纤维，具有促进人体肠胃蠕动的作用，可以加速排出体内多余的毒素及废物，减少脂肪在人体内储存，具有一定的减肥瘦身作用。

紫菜

紫菜中含有较丰富的胆碱，有增强记忆力的作用，常吃紫菜对孕期记忆衰退有改善作用。紫菜中所含的钙、铁等元素，不仅是治疗孕期贫血的优良食物，还对准妈妈和胎宝宝的骨骼、牙齿健康有益。此外，紫菜中含有一定量的甘露醇，可作为治疗水肿的辅助食物。

4

怀孕期间，准妈妈缺硒可以导致新生宝宝尤其是早产宝宝发生溶血性贫血。

5

硒可以消除准妈妈孕期水肿，同时还能预防早产，补硒在孕晚期至关重要。

6

补硒不能过量，准妈妈每天只要摄入50~200微克即可，过多摄取会导致硒中毒。

香菇不仅含有丰富硒元素，还非常易于吸收。

孕期饮食之道

含锌食物有助顺产

锌是人体必需的微量元素，对人体许多正常生理功能的发挥起着极为重要的作用。研究显示，锌对分娩的影响主要是可以增强子宫有关酶的活性，促进子宫收缩，帮助胎宝宝顺利娩出子宫腔。当准妈妈缺锌时，子宫肌收缩力减弱，可能无法自行分娩出胎宝宝，需要借助产钳等外力，严重缺锌则需剖宫产，甚至增加难产的概率。

适当补充富含维生素 C 的食物

研究发现，孕期补充充足的维生素 C 可降低羊膜早破概率。所以，在孕晚期及临近预产期，准妈妈可适当多吃一些富含维生素 C 的食物，如番茄、橙子、桃子、白菜、西蓝花等。孕晚期，准妈妈每日最好保证摄入 130 毫克维生素 C。通常，一个橙子所含维生素 C 大约为 100 毫克，准妈妈在预产期前可以适当多吃些。

临产前避免暴饮暴食

分娩时需要消耗很多能量，有些准妈妈就暴饮暴食，过量补充营养，为分娩做体能准备，这是不科学的做法，正确的做法是吃得少而精。不加节制地摄取高营养、高热量的食物，会加重肠胃的负担，造成腹胀。准妈妈产前可以吃一些少而精的食物，诸如鸡蛋、牛奶、瘦肉、鱼、虾等，防止胃肠道充盈过度或胀气，影响顺利分娩。

产前不宜吃人参

很多人认为人参有增强体力、帮助提神的作用，临产时吃一点，分娩时就会更有力气，会生得更快。其实，人参中有一种成分会影响凝血，产前服用人参，孕期受损血管自行愈合的能力会受到干扰，容易出血过多，甚至引发产后出血。因此，产前不建议吃人参。产前可食用藕粉、红糖、牛奶等食物，补充能量和水分，助益生产。

一周食谱推荐

星期	早餐	午餐	晚餐	加餐
一	紫菜鸡蛋汤、牛肉馅饼、猕猴桃	麻油炒猪肝、番茄鸡蛋面、炒菜心	芹菜炒牛肉、凉拌莴苣、蛋炒饭	南瓜豆沙饼、樱桃
二	奶香吐司、煎蛋、五谷豆浆、橙子	豆芽炒肉、玉米芸豆羹、米饭	小白菜炒香干、绿豆苦瓜排骨汤、煎带鱼、小米饭	牛奶、香蕉
三	华夫饼、鸡蛋、番茄汁	糖醋鸡柳、荷塘小炒、茄肉包、杂粮饭	芹菜炒肉、番茄炒面、紫菜蛋花汤	牛奶蒸蛋、腰果
四	蔬菜杂粮卷、煎蛋、牛奶、小黄瓜	南瓜蒸排骨、牛肉酱拌面	豆干胡萝卜炒肉、蛤蜊粉丝汤、鸡蛋卷饼、醋熘白菜	苹果、核桃仁
五	奶香紫薯面包、鸡蛋、牛奶、草莓	素炒菜花、鸡蛋炒饭、菌菇汤	虾仁煲豆腐、炒面	蒸南瓜、酸奶
六	黑芝麻蛋卷、蛋花汤、香蕉	胡萝卜肉丸汤、酱烧茄子、红烧鱼、米饭	土豆丝煎饼、烤鸡翅、芸豆山药汤	石榴汁、南瓜子
日	蔬菜包、牛奶、鸡蛋、橘子	手撕茄子、葱香龙利鱼、米饭	粉丝蒸虾、肉丝面	红豆牛奶、苹果

红枣豆浆

原料：红枣 10 克，黄豆 30 克，白砂糖适量。

做法：

①红枣洗净，去核；黄豆提前泡好。

②将红枣和黄豆放进料理机，加适量清水，打浆。

③将浆汁放入锅中，煮开后加适量白砂糖调匀即可。

营养功效：黄豆补充蛋白质，红枣补铁补血，二者搭配，对准妈妈来说非常有益。

紫菜包饭

原料：米饭 200 克，火腿 30 克，鸡蛋 2 个，胡萝卜、黄瓜各 50 克，紫菜、醋、白芝麻、盐各适量。

做法：

①米饭中放盐、白芝麻、醋搅匀。

②鸡蛋打散，煎成蛋皮，切条；火腿、胡萝卜、黄瓜去皮，切条。

③米饭中加入火腿条、鸡蛋条、胡萝卜条、黄瓜条，用紫菜卷起，切成段即可。

营养功效：补充钙质，保护准妈妈牙齿的健康，促进胎宝宝牙胚的发育。

香浓玉米汁

原料：新鲜玉米1根，牛奶200毫升。

做法：

①玉米剥成粒，放入料理机，倒入牛奶，绞碎。

②将玉米汁倒出过滤，放入汤锅中用中火慢慢加热至玉米汁沸腾即可。

营养功效：能帮助准妈妈恢复气血，提高免疫力，并有助于改善贫血。

虾仁馄饨

原料：鲜虾仁50克，猪肉200克，紫菜、盐、葱末、虾皮、馄饨皮各适量。

做法：

①将鲜虾仁、猪肉分别剁碎，加入葱末、盐拌匀。

②把馅料包入馄饨皮中，将馄饨放在沸水中煮熟。

③将馄饨盛入碗中，再加入虾皮、紫菜即可。

营养功效：保护准妈妈心血管系统，有助于疏通乳腺，为分泌乳汁做准备。

鱼片粥

原料：大米 30 克，草鱼 100 克，淀粉、姜丝、葱花、盐各适量。

做法：

①草鱼收拾干净，去刺，切片；大米洗净，泡 30 分钟。

②大米放入锅中，加清水大火烧沸，转小火慢熬，至粥黏稠时放入盐调味。

③草鱼片用盐、淀粉、葱花、姜丝拌匀，倒入滚开的粥内，中火煮 5 分钟即可。

营养功效：鱼肉营养丰富，且易于消化吸收，具有健脑益智、降低血脂、延缓衰老等作用。

莴苣干贝汤

原料：莴苣 100 克，干贝 10 克，盐、姜片、葱段各适量。

做法：

①莴苣洗净，去皮，切段；干贝泡发。

②锅内油烧热，放姜片、葱段稍煸炒出香味，放入莴苣段，大火炒至断生。

③再放入泡好的干贝，加适量清水，大火煮至熟透。

④出锅前加盐调味即可。

营养功效：干贝是蛋白质和丰富钙质的来源，与莴苣一起熬煮成汤，清淡助消化，可以使准妈妈营养均衡、全面。

莲藕煲猪蹄

原料：莲藕半根，猪蹄1个，葱段、姜片、盐各适量。

做法：

①将莲藕洗净，切片；猪蹄洗净，切块，用沸水焯烫2分钟。

②锅中放入适量清水，放入猪蹄块和莲藕片、葱段、姜片，大火煮沸，转小火煲至熟烂，放入盐调味即可。

营养功效：对准妈妈有补铁补血、安神助眠的功效。

奶油南瓜羹

原料：南瓜100克，大米、淡奶油各30克，蜂蜜适量。

做法：

①南瓜去皮，去瓤，洗净，切丁；大米洗净。

②将南瓜丁和大米放入料理机，倒入淡奶油、清水，搅打成米糊。

③将奶油南瓜米糊煮沸，晾凉，加入适量蜂蜜调味。

营养功效：南瓜中含有丰富的维生素A，可帮助准妈妈养护眼睛，而且南瓜香甜可口，易于消化，有预防便秘的功效。

红枣猪肚汤

原料：猪肚 150 克，红枣、姜片、盐、料酒各适量。

做法：

①猪肚洗净，在沸水中焯烫 2 分钟，切条。

②将猪肚条、红枣、姜片、料酒一同放入锅内，加清水煮沸。

③转小火继续炖煮 2 小时，出锅前加盐调味即可。

营养功效：具有补虚损、健脾胃的功效，适于孕期气血亏损、身体瘦弱的准妈妈食用。

蒜香西蓝花

原料：西蓝花 200 克，蒜、白砂糖、盐、香油各适量。

做法：

①西蓝花洗净，切块；蒜切末。

②锅内加入清水烧开，放入西蓝花，焯烫至断生，捞出，沥干装盘。

③香油入锅烧热，将蒜末、白砂糖、盐放入小碗中，浇入热香油，拌成调味汁。

④将调味汁倒入盛西蓝花的盘子中，拌匀即可。

营养功效：含有丰富的维生素和膳食纤维，既能帮助准妈妈补充营养，又清爽不腻。

红烧牛肉面

原料： 熟牛肉100克，油菜2棵，面条80克，牛肉汤、盐各适量。

做法：

①油菜洗净，用热水焯至断生。

②面条煮熟，牛肉切成片。

③将牛肉汤倒入锅中，加入适量的盐烧开，浇在面条上，再把牛肉片和油菜码在面条上即可。

营养功效： 能促进准妈妈脂肪代谢，具有降血脂、降血糖的作用。

罗宋汤

原料： 番茄1个，牛肉80克，洋葱、土豆各30克，牛奶100毫升，油、盐各适量。

做法：

①番茄、土豆去皮，切丁；洋葱切丁；牛肉切块。

②起锅烧油，将番茄丁、洋葱丁、土豆丁下锅煸炒。锅内加适量清水，下牛肉块炖煮，出锅前加牛奶和盐炖煮20分钟即可。

营养功效： 促进消化，增强准妈妈机体免疫力，同时可抗氧化，帮助准妈妈淡化色斑。

虾仁花蛤粥

原料：虾仁 3 个，花蛤 5 个，大米 50 克，香油、葱花各适量。

做法：

①将虾仁、花蛤洗净，焯熟；大米洗净。

②将大米放入锅中，加适量清水，熬至大米熟烂。

③放入虾仁和花蛤再煮 5 分钟，出锅前加适量香油、葱花即可。

营养功效：含有多种维生素，还含有氨基酸和脂肪，以及大量碳水化合物，能通乳，为分泌乳汁做好准备，是准妈妈孕晚期理想的补益食品。

牛肉胡萝卜丝

原料：牛肉 150 克，胡萝卜100 克，酱油、盐、水淀粉、葱花、姜末、油各适量。

做法：

①牛肉洗净，切条，放入葱花、姜末、水淀粉和酱油腌 30 分钟；胡萝卜洗净，切丝。

②锅中倒入油，将牛肉条入锅炒熟，盛出。

③重新起锅烧油，将胡萝卜丝放入锅内炒熟，再放入牛肉条一起炒匀，加盐调味即可。

营养功效：促进准妈妈胃肠蠕动，保护胃黏膜，对胃部不适、便秘、痔疮等有一定缓解作用。

蒜茸金针菇

原料：金针菇100克，蒜末、葱末、蚝油、盐各适量。

做法：

①金针菇去除老根，洗净，切段。

②蒜末、葱末、蚝油、盐勾兑成调料汁。

③金针菇摆在盘内，冷水上锅蒸5分钟，出锅后淋入调料汁，搅拌均匀即可。

营养功效：金针菇中含有人体必需的氨基酸，且含锌量较高，能有效地增强机体活力，促进准妈妈新陈代谢。

茶树菇鸡汤

原料：母鸡1只，干茶树菇50克，葱段、姜片、盐各适量。

做法：

①母鸡处理干净，放入沸水中焯去血水，捞出沥干。

②干茶树菇洗净，用水泡发。

③锅内放入整鸡、葱段、姜片，加适量清水，大火煮至沸腾，转小火慢慢熬煮30分钟。

④放入茶树菇继续煮30分钟，最后加盐调味。

营养功效：能够促进肠胃蠕动，增强准妈妈抵抗力。

孕期特殊功效食谱推荐

在怀孕期间，准妈妈需要全面而均衡的膳食营养，对优孕、优生有着十分重要的意义。孕期的饮食应根据其特殊的营养特点进行安排，科学搭配，既满足准妈妈和胎宝宝的营养需要，又能起到特殊的食疗作用。

铁是人体生成红细胞的主要元素之一，正常妊娠时需要大量的铁来制造额外的红细胞。孕期缺铁性贫血可导致准妈妈出现头晕、乏力、心慌、气短，还可导致胎宝宝宫内缺氧、生长发育迟缓、智力发育障碍、贫血等。通过食材补铁，是最放心、安全的方法。

鲫鱼豆腐汤

原料：鲫鱼 1 条，白菜 100 克，豆腐 50 克，葱花、盐、油各适量。

做法：

①白菜洗净，切块；豆腐洗净，切块。

②鲫鱼处理干净，放入油锅中煎至两面微黄，加适量清水煮沸。

③白菜块、豆腐块一起放入鲫鱼汤中，炖煮 20 分钟，出锅前加葱花、盐调味即可。

营养功效：鱼肉与豆腐含铁、钙、蛋白质丰富，有助于增强准妈妈的抵抗力。

葱爆牛肉

原料：牛里脊 200 克，葱段、淀粉、酱油、盐、醋、淀粉、油各适量。

做法：

①牛里脊洗净，切片，加部分淀粉拌匀；剩余淀粉加水调成水淀粉。

②热锅凉油放入牛肉片，滑炒至变色放酱油、葱段和盐。

③最后淋上醋，调入盐，用水淀粉勾芡即可。

营养功效：牛肉中含有丰富的血红素和铁，容易被人体吸收利用，能够起到预防缺铁性贫血的作用。

孕期除了提供给胎宝宝大量的钙外，由于自身循环血量的增加，使血钙浓度相对降低，准妈妈容易出现低血钙。因此孕期补钙是非常有必要的。很多食材都是钙的优质来源，且钙含量丰富、吸收率高，可以适当食用。

清蒸鲤鱼

原料：鲤鱼 1 条，姜丝、葱丝、盐、酱油、料酒、油各适量。

做法：

①鲤鱼收拾干净，两面打花刀，用姜丝、部分葱丝、料酒、盐，腌制 30 分钟。

②沸水上锅，将鲤鱼放在的盘子里，上锅蒸 10 分钟。

③撒上葱丝，倒入酱油，将油烧热，浇一点热油在鱼上即可。

营养功效：鱼类中含有的钙质丰富，准妈妈可以经常食用。

牛奶燕麦

原料：生燕麦片 40 克，牛奶 250 毫升。

做法：

①锅内加适量清水烧开，加入生燕麦片。

②大火煮开，转小火煮至燕麦片变得黏稠。

③倒入牛奶，小火再煮至牛奶沸腾即可。

营养功效：燕麦片中含有钙、磷、铁、锌等矿物质，其钙的成分在谷类食物中居首。牛奶中不仅钙含量丰富，还易于人体消化和吸收。

孕期，准妈妈胎盘分泌的激素及肾上腺分泌的醛固酮增多，造成体内钠和水分滞留，出现水肿症状。一般情况下，孕期水肿在妊娠结束后会慢慢缓解，孕期可以通过食用利水消肿的食物来达到消肿的效果。

白斩鸭

原料：鸭腿 1 只，葱、姜、醋、熟芝麻、盐各适量。

做法：

①鸭腿洗净，冷水下锅炖煮至熟烂，盛出切成块。

②葱、姜切末，加入醋、熟芝麻、盐调汁，鸭腿切块蘸汁食用。

营养功效：鸭肉具有滋阴清热、利水消肿的作用，能够通利小便，也能够补肾固本，适合体质燥热、出现妊娠水肿的准妈妈食用。

鲤鱼冬瓜汤

原料：鲤鱼 400 克，冬瓜 250 克，葱段、盐各适量。

做法：

①鲤鱼收拾干净；冬瓜洗净，切片。

②将鲤鱼、冬瓜片、葱段一同放入锅中，加清水，大火烧开，转小火炖 20 分钟，出锅前加盐调味即可。

营养功效：冬瓜性凉，有清热利水、消肿解毒的功效。孕期水肿的准妈妈用冬瓜煮汤喝，可缓解水肿症状，冬瓜搭配鲤鱼既能利水消肿，还能补钙健体，非常适合准妈妈食用。应注意，煮汤需少加盐，淡食最佳。

准妈妈在孕期出于安全考虑需要削减运动量，在大量补充营养食物的同时，极易忽略高纤维食物的摄取。准妈妈适当增加饮食中高纤维食物的比例，可以促进肠道蠕动，从而缓解便秘症状，同时促进消化，增加食欲。

白灼生菜

原料： 圆生菜200克，蒜末、生抽、料酒、醋、盐、油各适量。

做法：

①将圆生菜的叶子一片片剥下，洗净，放到加入盐的沸水中焯一下，捞出，挤干水，放入盘中。

②把锅烧热，倒入油烧至六成热，加入生抽、蒜末、料酒、醋烧开，浇到圆生菜上即可。

营养功效： 圆生菜中膳食纤维含量较高，能够促进胃肠道蠕动，改善便秘的症状。此外，圆生菜不仅营养价值高，而且热量低，适合需要控制体重的准妈妈。

葱香荞麦饼

原料： 荞麦面200克，葱花、盐各适量。

做法：

①荞麦面加适量温水，和成面团，饧发30分钟。

②饧发好的面团擀成面片，撒上葱花，卷成面卷，分成3等份，将面卷露出葱花的两头捏紧，按成圆饼状，用擀面杖擀薄，放入煎锅中烙熟即可。

营养功效： 荞麦中含有非常丰富的膳食纤维，可以促进胃肠道的蠕动，荞麦还能吸收水分，可膨胀、软化大便，起到一定的防治便秘的功效。

缓解抑郁

孕期准妈妈体内激素水平发生变化，从而使大脑中调节情绪的神经传递素也发生变化，导致情绪波动较大，甚至出现抑郁的情况，这对准妈妈和胎儿都有非常大的危害。适当改善饮食，可以缓解准妈妈心情躁郁的情况。

南瓜薏米饭

原料：薏米 25 克，南瓜 150 克，大米 50 克。

做法：

①南瓜洗净，去皮、瓤，切成小块。

②薏米、大米洗净，浸泡 30 分钟。

③将大米、薏米、南瓜块和适量清水放入电饭锅中，蒸至电饭锅提示米饭蒸好即可。

营养功效：南瓜中含有维生素 B_6，能够将体内储存的血糖转变为葡萄糖，葡萄糖是一种“快乐燃料”。因此，南瓜对缓解抑郁有一定的帮助。

杨枝甘露

原料：柚子肉 50 克，芒果 60 克，椰汁 150 毫升，西米适量。

做法：

①芒果切块，西米煮至透明。

②将椰汁倒入煮好的西米中，加入芒果块和柚子肉即可。

营养功效：甜品可以使心情愉快，改善低落情绪。杨枝甘露是一种甜品，酸甜可口，其中的柚子、芒果都含有丰富的维生素，营养丰富。

受激素水平剧烈变化和孕期不适等影响，准妈妈会出现神经衰弱、失眠等症状。孕期失眠不建议用药，可采取食疗的方法帮助缓解。

芹菜拌花生

原料： 芹菜 100 克，花生仁 30 克，香油、盐各适量。

做法：

①花生仁洗净，加适量清水煮熟。

②芹菜洗净，切成小段，放入开水中焯熟。

③将花生仁、芹菜段放入碗中，加香油、盐搅拌均匀即可。

营养功效： 芹菜营养丰富，对神经衰弱、失眠等有辅助治疗作用。芹菜还有助于清热解毒，肝火旺、失眠的准妈妈可适当多吃。

小米粥

原料： 小米 50 克。

做法：

①小米淘洗干净。

②锅中加清水烧开，倒入小米，大火煮沸后，转小火熬煮 1 小时至黏稠即可。

营养功效： 小米是谷物中含有色氨酸最多的食物，它可以降低人体兴奋度。睡前喝一碗小米粥，可安神助眠。

体内激素变化、营养失衡、精神紧张焦虑，这些因素都会引起准妈妈不同程度的掉发、脱发。坚持药食同源的理念，将养发、护发的食材纳入孕期饮食，可以有效缓解脱发问题。

黑芝麻核桃酸奶

原料：酸奶 120 毫升，核桃仁、熟黑芝麻、蜂蜜各适量。

做法：

①取一部分核桃仁、熟黑芝麻放入料理机，打成粉末。

②把打好的粉末与酸奶、蜂蜜搅拌混合均匀。

③加入未粉碎的核桃仁和熟黑芝麻，丰富口感。

营养功效：黑芝麻是乌发养颜的保健食物，可用于辅助治疗头发干枯等问题。核桃中含有矿物质铜，可使头发有光泽，起到营养修护的作用。

海苔芝麻虾球

原料：牛肉、虾仁各 100 克，海苔、熟芝麻、肉松各适量。

做法：

①虾仁去虾线，牛肉用搅拌机打成肉泥，海苔切碎。

②用牛肉泥包裹虾仁，团成虾球，上锅蒸熟。

③将肉松、熟芝麻、海苔碎混合，沾满虾球即可。

营养功效：含脂肪酸、B 族维生素多的食物，具有辅助生发、华发的作用。虾仁中不仅蛋白质含量丰富，还含有丰富的脂肪酸，可以满足人体所需。

美白养颜

孕期受到体内孕激素的影响，准妈妈的皮肤状况可能不太理想。既然孕期不宜使用护肤品，那就试试能够美容养颜的小秘方，让准妈妈整个孕期都光彩照人。

莲子百合炖木瓜

原料：木瓜块 100 克，鲜百合、银耳、莲子、红枣各适量。

做法：

①鲜百合、银耳、莲子、红枣洗净，浸泡 3 小时。

②锅中加清水，放入鲜百合、银耳、莲子、红枣煮开。

③将食材转入炖盅，加入木瓜块和适量清水，炖煮 1 小时即可。

营养功效：木瓜具有解毒消肿的作用，可以清除体内瘀滞的毒素。鲜百合富含黏液质及维生素，对皮肤细胞新陈代谢有益。

玫瑰牛奶草莓露

原料：玫瑰花瓣 5 克，草莓 100 克，牛奶 250 毫升。

做法：

①玫瑰花瓣和草莓洗净，榨汁。

②将牛奶倒入果汁中，搅拌均匀即可。

营养功效：纯牛奶富含多种营养物质，可以促进人体的新陈代谢，从而达到美容养颜的功效。草莓中含有多种果酸、维生素及矿物质等，可增强皮肤弹性，具有美白和滋润保湿的功效。

预防妊娠斑纹

孕期预防妊娠斑纹是一门重要课程，准妈妈可以通过坚持食用牛奶和水果达到预防效果。

牛奶花生酪

原料：花生仁、糯米各 30 克，牛奶、冰糖各适量。

做法：

①花生仁和糯米洗净，浸泡 2 小时。

②花生仁和糯米一起放入料理机中，加入适量牛奶，制成牛奶花生汁，倒出。

③取干净的煮锅，加冰糖和花生汁煮开即可。

营养功效：富含维生素 B_6 的奶制品，对淡化斑纹也非常有效。牛奶中含有丰富的矿物质和多种维生素，能够增强皮肤的弹性，可以预防和缓解孕期妊娠纹。

苹果汁

原料：苹果 200 克。

做法：

①把苹果洗净，去皮、核，切成小块。

②把苹果块放入料理机中，加入温开水搅打成汁即可。

营养功效：苹果中的营养对于肌肤的滋养是很有帮助的，除了直接吃，打成果汁也是不错的选择。

控制体重

很多准妈妈在孕期都会明显发胖，不过在这个特殊时期，准妈妈最好不要采取节食的方法。想要保持健康体形，靠调节饮食来实现。

家常酱牛肉

原料：牛肉 500 克，料酒、酱油、香叶、酱肉调料、姜片各适量。

做法：

①将牛肉放在冷水里浸泡，把血水充分泡出。

②用料酒、酱油、香叶、酱肉调料、姜片腌制牛肉 1 小时。腌好的牛肉放入锅中，大火烧开后，改用小火慢炖 2 小时。

③牛肉炖好后自然放凉，切片即可食用。

营养功效：牛肉的营养价值较高，所含的热量较低，适度吃牛肉不会长胖。

虾仁烩冬瓜

原料：虾仁 80 克，冬瓜 150 克，盐适量。

做法：

①虾仁洗净；冬瓜去皮、瓤，洗净，切块。

②锅内放入冬瓜块、虾仁和适量清水煮 30 分钟，用盐调味即可。

营养功效：虾中的脂肪含量低，且含有不饱和脂肪酸，热量也不高，孕期食用对准妈妈身体有益。

附录：四季坐月子食谱

春季月子餐

春季坐月子是很多新妈妈向往的事情，但是春季气温多变，乍暖还寒，极易“倒春寒”，同时又是传染病高发时期，需要做好疾病预防，否则一旦生病，就有可能中断哺乳，影响宝宝的健康。

秋葵炒木耳

原料：秋葵 200 克，水发木耳 50 克，玉米粒、盐、油各适量。

做法：

①秋葵洗净，切段；水发木耳撕成小朵。

②锅中放入油，倒入秋葵段翻炒至八成熟。

③加入木耳、玉米粒，翻炒 5 分钟后加盐调味即可。

营养功效：提高机体免疫力，增强新妈妈体内代谢能力，同时滋补润燥，益气润肺。

芦笋鸡蛋糕

原料：鸡蛋 2 个，芦笋 100 克，面粉、盐、胡椒粉各适量。

做法：

①芦笋洗净，切段。

②鸡蛋打散，在蛋液中加入适量面粉，搅拌成糊。

③在模具中加入鸡蛋糊、芦笋段，用盐和胡椒粉调味，放入烤箱烤熟即可。

营养功效：鸡蛋中的营养能够快速补充身体所需，帮助新妈妈的身体保持良好的状态。

夏季天气炎热，会让新妈妈的心情变得烦躁，因此一定要注意清心养神。夏季容易出汗，需要多喝汤水，随时补充因为出汗而导致的体内水分流失。多听轻松的音乐，也有助于调节情绪。

猕猴桃燕麦酸奶杯

原料：猕猴桃 50 克，酸奶 100 毫升，燕麦、黄桃各适量。

做法：

①猕猴桃、黄桃切块。

②燕麦和酸奶搅拌均匀，加入猕猴桃块、黄桃块即可。

营养功效：富含维生素，酸甜可口，水果和酸奶结合，有效帮助新妈妈对抗坏情绪。

苦瓜酿肉

原料：苦瓜 1 根，五花肉馅 100 克，盐适量。

做法：

①苦瓜洗净，切小段，去掉中间的瓜瓤，做成苦瓜圈。

②将五花肉馅用盐调味后放入苦瓜圈中。

③热锅烧水，将放好肉馅的苦瓜上锅蒸制 15 分钟即可。

营养功效：清热去火，降温降燥，同时补充蛋白质，有助于新妈妈舒缓情绪。

秋季多风，气候干燥，昼夜温差极大，这对于新妈妈来说，是一种极大的挑战，稍不留神就容易引发一些疾病，因此在秋季坐月子时，需要尽量避免受风，同时多吃生津润燥的食物。

蜜汁南瓜

原料：南瓜 250 克，莲子、冰糖、蜂蜜、桂花各适量。

做法：

①莲子煮熟备用；南瓜蒸熟。

②冰糖熬成糖浆，放入南瓜和莲子，出锅后浇上蜂蜜，撒上桂花即可。

营养功效：润燥滋补，富含维生素和膳食纤维，有助于缓解新妈妈秋季干燥便秘。

荷塘小炒

原料：莲藕 100 克，荷兰豆、胡萝卜、水发木耳各 50 克，甜椒、盐、油各适量。

做法：

①莲藕、胡萝卜去皮，切片；甜椒切块；荷兰豆、木耳摘净，洗净；水发木耳撕成小朵。

②锅内放入油，先放入胡萝卜片、藕片，翻炒片刻再放入荷兰豆、甜椒块，最后放入木耳，炒熟后加盐调味即可。

营养功效：含丰富膳食纤维和维生素，能帮助新妈妈增强活力，提高机体免疫力。

寒冬腊月，新妈妈在冬天坐月子时，可以多吃一些有营养，热量高且易消化的食物来抵御严寒。即使在北方的暖气房里，新妈妈也要注意不要贪吃寒凉的食物，以免造成腹痛，引发其他疾病。

羊肉粉丝汤

原料：羊肉片 200 克，葱花、粉丝、盐、胡椒各适量。

做法：

①锅中烧开水，加入粉丝煮软。

②粉丝变软后加入羊肉片、葱花、胡椒和盐，调味后即可出锅。

营养功效：提高新妈妈免疫力，御寒抗病，同时补充体力，还不易发胖。

番茄炖牛肉

原料：牛肉 150 克，番茄 100 克，水淀粉、酱油、盐、白砂糖、姜片、高汤、油各适量。

做法：

①牛肉洗净，放入锅中，加适量清水、部分姜片，小火炖烂。

②牛肉切块；番茄洗净，切块。

③锅中放入油，煸炒番茄至析出汤汁，再放酱油、白砂糖、盐、姜片、高汤拌匀。

④放入牛肉块，小火煮 5 分钟，最后用水淀粉勾芡即可。

营养功效：富含优质蛋白和维生素，增强新妈妈的抗寒能力，同时增强抵抗力。

图书在版编目（CIP）数据

吃得对的40周孕期食谱 / 刘桂荣编著 . — 北京 : 中国轻工业出版社 , 2022.10
ISBN 978-7-5184-3439-8

Ⅰ . ①吃… Ⅱ . ①刘… Ⅲ . ①孕妇 – 妇幼保健 – 食谱
Ⅳ . ① TS972.164

中国版本图书馆 CIP 数据核字 (2021) 第 049602 号

责任编辑：秦　功　罗雅琼　　责任终审：张乃柬　　整体设计：奥视读乐
策划编辑：秦　功　　责任校对：晋　洁　　责任监印：张　可

出版发行：中国轻工业出版社（北京东长安街6号，邮编：100740）
印　　刷：北京博海升彩色印刷有限公司
经　　销：各地新华书店
版　　次：2022年10月第1版第3次印刷
开　　本：889×1194　1/20　印张：8.4
字　　数：130千字
书　　号：ISBN 978-7-5184-3439-8　　定价：49.80元
邮购电话：010-65241695
发行电话：010-85119835　传真：85113293
网　　址：http://www.chlip.com.cn
Email：club@chlip.com.cn
如发现图书残缺请与我社邮购联系调换
221386S3C103ZBW